Antarctic penguins

George Murray Levick

南極のアデリーペンギン

世界で最初のペンギン観察日誌

ジョージ・マレー・レビック

夏目大 訳　解説 上田一生

青土社

南極のアデリーペンギン　目次

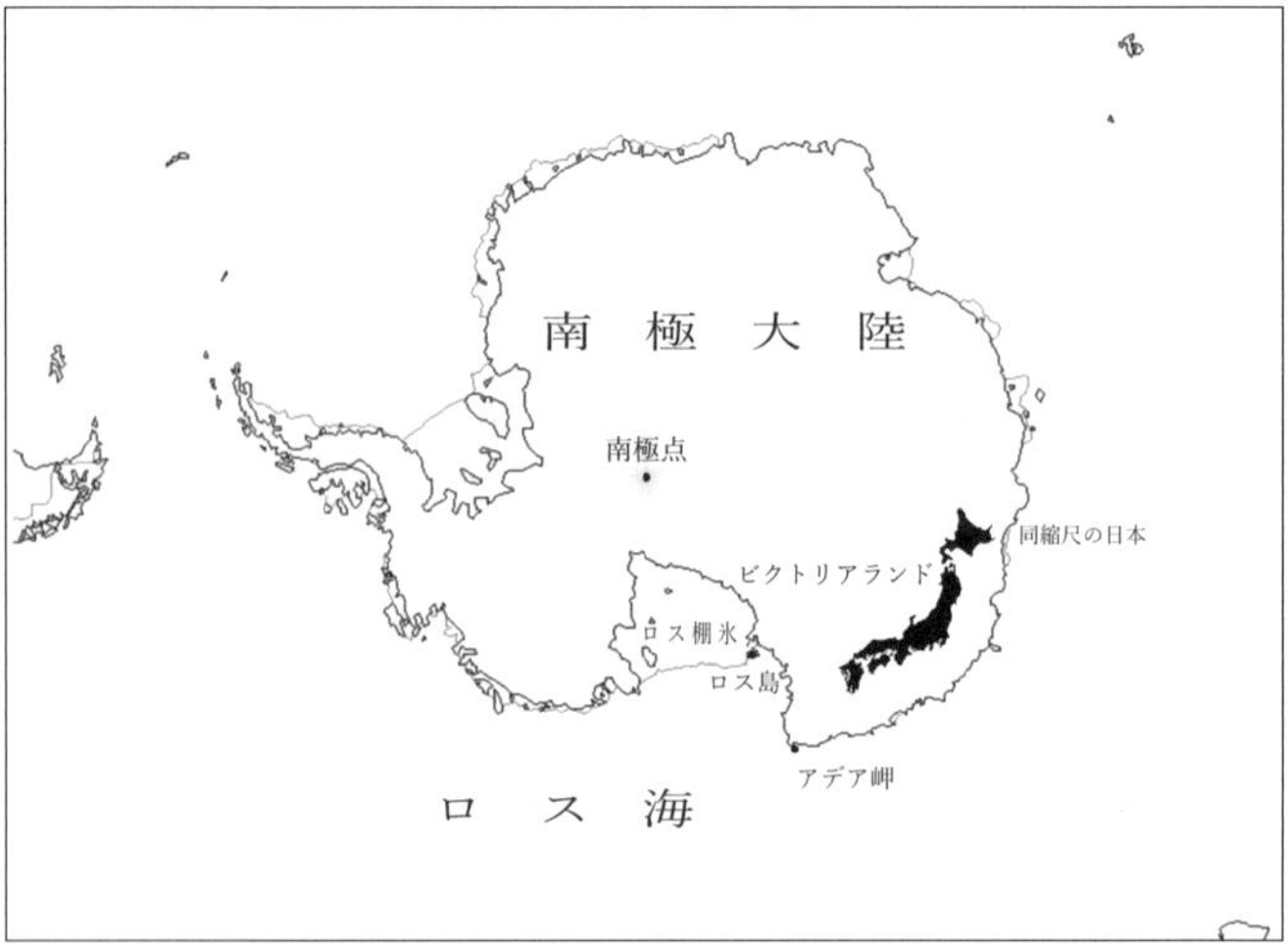

南極大陸

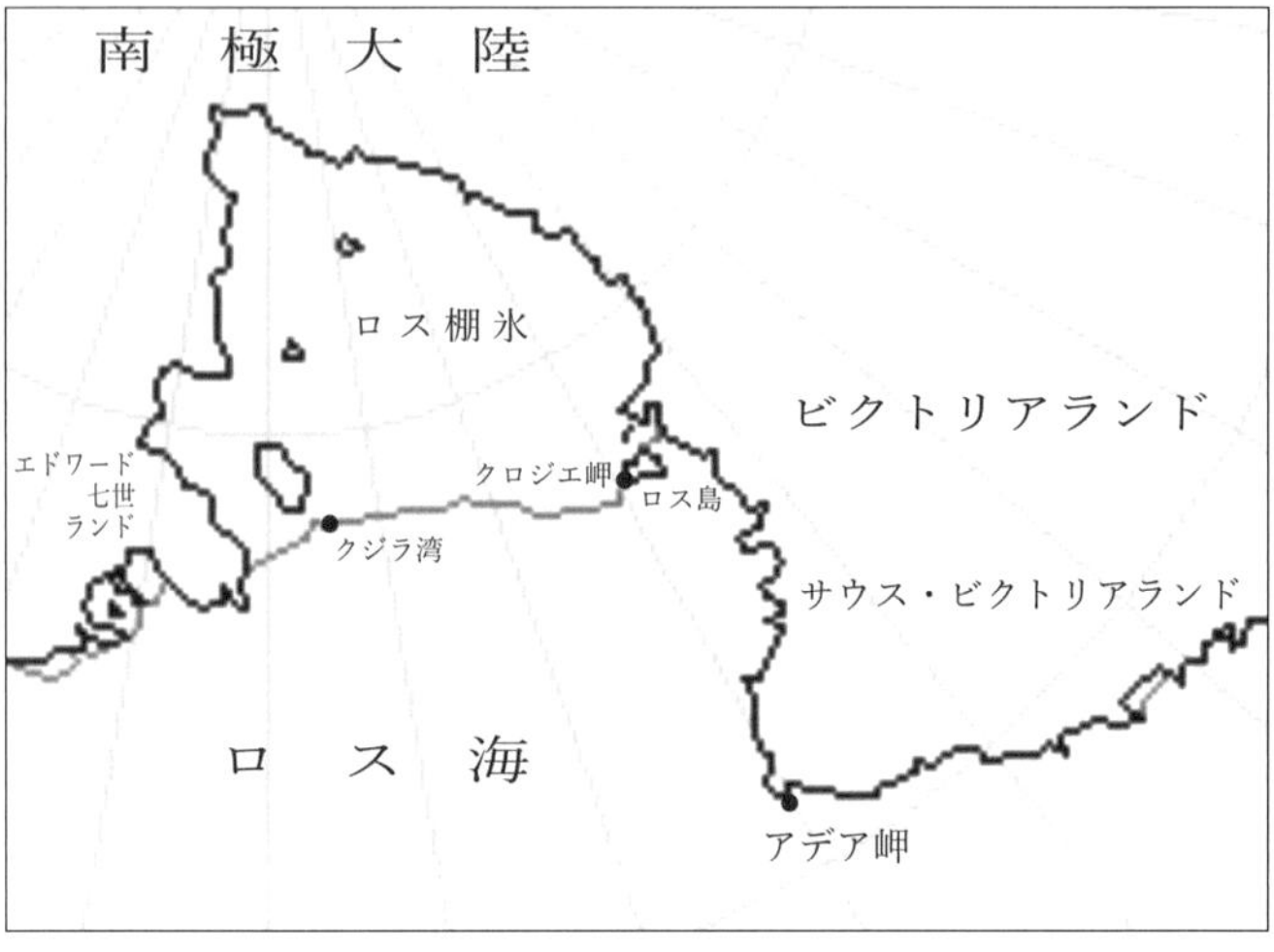

南極大陸（拡大図）

南極のアデリーペンギン　世界で最初のペンギン観察日誌

時折、ペンギンはどうにも説明しようのない行動をとった（147 頁）

はじめに

アデリーペンギン*

南極地域のペンギンたちは、まさに南極の地にふさわしい動物たちだと言える。その種の歴史は非常に古く、祖先の化石も発見されている。化石を見る限り、遅くとも始新世〔約五六〇〇万年前〜三三九〇万年前〕には、祖先の種が繁栄していたことがわかる。他のどの鳥よりもはるか前に、ペンギンは海での暮らしに適応した。魚たちと張り合えるほどに適応したのである。水中生活への適応は、飛ぶ力を犠牲にすることで成し遂げられた。ただ、偶然にも、それはごく短期間のうちに起きたのだ。

南極以外の場所では、ペンギンのような動物が地上で子育てをするのは難しいだろう。短い脚は歩き回るには不便だし、飛ぶこともできないので、簡単に肉食動物の餌食になってしまう。南極以外なら、そうした動物が周囲に多くいるのが普通だろう。しかし、南極には、北極のようにクマや

* 学名 *Pygoscelis adeliae*

キツネがいるわけではない。陸に上がってしまえばペンギンは安全なのである。

このような状態になったのは、南極の陸地にはほぼ食べ物と呼べるものが存在しないからだ。時をさかのぼれば、南極の環境は今とはまったく違っていた。豊かな熱帯雨林が存在した時代もある。アザラシが沿岸を犬のように走り回っていた時代もある。しかし、環境は激変した。アザラシは食べ物を得るために海に入らねばならなくなった。その結果として、四本の脚は時とともに、ひれのような形へと変化していった。ペンギンの翼に起きたような変化がアザラシにも起きたわけだ。やがてアザラシは陸ではなく、海の住民になってしまった。

ヒョウアザラシ*（アデリーペンギンの天敵である）が再び陸に戻って来たら、南極のペンギン営巣地は短期間のうちに終わりを迎えるだろう。ただし、陸地で暮らすのは、せいぜい一年のうちの四ヶ月半ほどになるので、アザラシが再び脚を生やすメリットはさほど大きいとは言えず、そういう方向の進化は起きそうにない。また、ヒョウアザラシに脚が生え、地上を素早く移動できるようになったとしても、海とペンギン営巣地の間に横たわる幅何メートルにもなる氷脚を這い上がることはうまくできなくなるのではないかと思われる。それでは成鳥を捕まえることはとても無理なので、孵化したばかりのヒナを捕まえて食べることになるだろう。だが幸い、そういうことは決して起こらない。

はじめてアデリーペンギンを見た人は、人間に似ていると感じるのではないだろうか。とても小柄で、しかもイブニング・スーツを着てめかしこんでいる人だ。汚れ一つない真っ白な腹と、真っ黒な背中と肩を見れば、そう感じたとしても不思議はない。身長は七五センチメートルほど。小さな脚で直立歩行をする。

人間を見てもまったく怯むことなく、堂々と雪の上を歩いて近づいて来る。いつも好奇心旺盛にあちこち動き回る。人間から一メートルか二メートルくらい離れた場所で立ち止まり、黙って見つめている時もある。頭を少し前に突き出す動きをすることもある。少々、ぎこちない動きだ。少し右寄りに突き出す、左寄りに突き出す、ということを繰り返す場合もある。そんなふうにして、こちらの様子をうかがっている。近くにある何かを見る時には、目を一つだけ使う方が都合が良いらしい。しかし、前方の遠くを見る時や歩く時には、両方の目でまっすぐ前を見ている。まっすぐ前を見る動作は怒った時にもする。図1のように頭を高く持ち上げて、クチバシ越しに怒っている相手をじっと見つめるのだ。

人間の方をじっと見つめていても、やがて突然、こちらに興味を失い、逆立っていた羽毛も元通りに寝ることもある。そのまま立っているうちに眠り始めることもある。そういう時、驚かせない程度の音を立ててみると、目を開けて伸びをし、あくびをする。その後はすぐに立ち去ってしまうことが多い。もはやこちらに何の興味もないということだろう（図2、図3を参照）。

＊　学名 *Stenorhinchus leptonyx*

図 1. 怒っているアデリーペンギン

他のペンギンもそうだが、アデリーペンギンの翼は、魚のひれのような形になっており、非常に細かい鱗のような羽毛で覆われている。脚は非常に短く、ゆっくりよたよたと歩く。しかし、雪や氷の上で腹ばいになり、翼と脚を動かして滑ることで、かなりの速度で進むこともできる。

アデリーペンギンについて解説するのに、ここからは二人の人物の記述を引用することにしよう。

ベルジカ遠征に参加したラコヴィッァ氏は、アデリーペンギンについて次のように書いている。

「直立する姿はまるで人間のようである。ただし、二本の腕の代わりに幅の広いひれがある。恰幅の良い体に比して頭は小さい。背中は黒い

図 2. 眠り

図 3. 目を開けて、伸びをし、あくびをする

コートをまとったようになっている…コートは下に向かって細くなっている。この部分を引きずりながら歩くのだ。腹は平らで真っ白で光沢があって美しい。二本の脚で歩く時には、左右によたよたと揺れ、同時に頭も動く。実に滑稽で魅力的な姿だ」

フランスの南極探検隊に参加したルイス・ガイン博士は、アデリーペンギンについて次のように書いている。

「アデリーペンギンは勇敢な動物で、危険から逃げることはほとんどない。たとえ攻撃してくる者がいたとしても、背中を覆う黒い羽毛を逆立て、正面から向き合う。そして、戦いの姿勢を取るのだ。体を真っ直ぐにして立ち、クチバシを空へと向け、翼を広げる。決して敵から目をそらすことはない」

「唸り声を出すこともある。くぐもった声で、自分の不満を表現する。絶対に自分の身を守るという固い決意は揺らぐことがない。通常は警戒する姿勢のままその場を動くことはない。ただ稀に退却することもある。そんな時は、地面に寝そべり、足の爪と翼を使って全速力で移動する。追いかけて来た敵に追いつかれることもあるが、そうなったら速度を上げるのではなく、止まって再び危険に立ち向かい、戦う姿勢に戻る。攻撃に際しては、自分の体を相手にぶつけることもある。そして、クチバシと翼で打撃を与えるのだ」

アデリーペンギンは非常に好奇心旺盛で、見慣れないものを見つけると熱心に観察する。私たちは、帰国の前、迎えの船が来るのを待つ間、海から約五〇メートルの雪上にテントを張り、そこでしばらく暮らしたことがあった。そこにはロイド岬からペンギンの群れが頻繁にやって来たのだが、そばに来たペンギンのほぼすべてが、まず我々のテントを見るのだ。坂を上がり、近づいてしばらくテントの様子をうかがう。近くを歩き回ることもあれば、何時間も留まってうたた寝をすることもある。中には、私たち人間との交流を楽しんでいるように見える者もいる。ペンギンの群れがすぐそばにいる海氷の上を私たちが通り過ぎようとするとき、ペンギンたちがどうしても、私たちを見に近づいて来てしまう。エヴァンズ岬の小屋のそばにつないだ犬たちにペンギンを近づけないようにするのには大変な苦労をした。私たちの必死の努力にもかかわらず、結局、数多くのペンギンが犬に殺されることになってしまった。

そのことについては本書でも後にまた触れることになるが、アデリーペンギンは実に勇敢な生き物である。もちろん、時には恐怖におののくことがないとは言えない。しかし私は、船乗りに硬いブーツを履いた足で容赦なく蹴飛ばされても、何度も立ち向かって来るペンギンを見たことがある。結局、私が止めに入るまで両者の戦いは続いたのだ。アデリーペンギンの羽毛については本書の付録で詳しく解説する。また、本書では特にアデリーペンギンの生態について詳しく知ってもらいたいと考えている。

ただ、詳しい解説に入る前に、ここでは、一般の読者にも理解しやすいよう、アデリーペンギンの特徴について簡潔に説明したいと思う。

アデリーペンギンは、南の果てで夏を過ごし、産卵、子育てをする。南極大陸や南極海の島の沿岸部で営巣をする。常に海のそばにいなくてはならないのは、食べ物を海に頼っているからだ。これは南極で暮らす動物すべてに言えることだ。陸地はすべて凍りついているため、動物も植物もほぼ存在しないに等しく、食べ物は手に入らないのである。

アデリーペンギンが営巣のために必要とするものは多くない。南極には強風が吹き荒れるが、その強風から身を守る術すら必要としない。通常、巣を作るのは吹きさらしの場所だ。私が訪れたアデリーペンギンの営巣地は全部で四ケ所だが、そのうちの三ケ所は、おそらく南極でも風の強い地域にあった。なぜ、わざわざそのような場所に巣を作るのか。それは、風の強い場所では雪が吹き飛ばされて地面がむき出しなり、巣を作るのに必要な小石を見つけやすくなるからだ。

卵が孵化し、ヒナが育つと、やがて泳ぎの練習を始める。泳げるようになれば、親に頼ることなく自力で食べ物を得ることができる。そうなると、親も子もすべて、南を離れ、浮氷をつたって北へと移動を始める。北へと向かうことで、暗く厳しい南極の冬を避けるわけだ。そうすれば、食べ物を得るのに必要な凍らない海が常にそばにある。アデリーペンギンが営巣する地域では、冬になると、海はすっかり分厚い氷に覆われてしまい、次の夏が来るまでその状態が続く。夏になると氷が割れるが、割れた氷の多くは、浮氷となって潮流と風によって北へと運ばれる。多数の浮氷は集

図4. 浮氷（アデリーペンギンは夏が終わるとこの上を移動する）。ウェッデルアザラシの姿が見える。

積して、南極海に浮かぶ長さ何百キロメートルものいかだのようになる（図4）。

秋にアデリーペンギンがこの浮氷の集積を移動手段として使うのは確実だが、その先、どこにどのようにして移動するのかは現在のところ謎である。解明するには今後さらに研究を続ける必要がある。

アデリーペンギンが繁殖期を終え、営巣地を去る時には、まだ海に新たな氷は張っていない。そのため、しばらくの間は、海を長い距離、移動しなくてはならない。だが、アデリーペンギンは泳ぎが非常に得意なので、数百キロメートルを泳ぐことは容易にできると考えられる。

その年に生まれたアデリーペンギンの子は北へと移動したあと、二回の冬を北に留まって過ごす。秋に営巣地を離れると、最初の換羽が始まる。それによって、それまで喉を覆っていた白い羽毛は、成鳥の印である黒い羽毛へと入れ替わるのだ。

その後、春になると（その次の春も、さらにその次の春も同じだ）、アデリーペンギンたちはまた繁殖のために南へと戻り始める。その旅では、海を泳ぐだけではなく、海上に浮かぶ氷の上を長い距離歩くことにもなる。

たとえばクロジエ岬など、最南端の営巣地まで行くアデリーペンギンだと、泳いで移動する距離は少なくとも六五〇キロメートルほどにはなるだろう。だが、正確な数字はわかっていないが、かなりの距離を氷上を歩いて進むことも間違いない。

次に、アデア岬の営巣地でのアデリーペンギンの生態について話そうと思うが、その前に、アデア岬がどういう場所かを説明しておこう。

アデア岬は南緯七一度一四分、東経一七一度一〇分に位置する。サウス・ヴィクトリア・ランドの氷で覆われた切り立つ丘から北に三〇キロメートルほど突き出た地峡にある。

岬付近では、崖からすぐに海になっていて、平坦な土地はまったくないに等しい。最先端の部分にわずかに平坦な場所があるが、すぐそばは三〇〇メートルを超える高さの垂直に近い急な崖になっている。

岬の先端には、頻繁に強風が吹きつけるため、雪が降っても長く留まることはない。その玄武岩質の土地には丸くなった小石が数多く散らばっていて、アデリーペンギンが巣を作るのには都合が良い。私がアデリーペンギンの観察をしたのはまさにその場所である。その成果をこれから記すことになる。

私は春にペンギンたちが到着する前から見ていたが、最後に降り積もった雪を風が吹き飛ばしたあと、その場に残るのは、無数の小山が連続する土地である。ところどころ薄い氷に覆われている場所もある。氷の大きさは様々だが、中には縦横がそれぞれ数百メートルに及ぶ大きなものもある。夏には雪解け水で湖のようになる低い場所にも春にはまだ氷が張っている。地形がそのようになったのは、もちろん主に地質現象のせいだが、ペンギンが長年、周囲より高くなっている場所を選んで繁殖してきたことで、高低差はさらに増したと考えられる。ペンギンの作る分厚いグアノ〔糞の堆積物〕が高い土地を覆ったために、風雨による侵食から守られたのだ。特定の季節に来るハリケーンからも守られる。凍結によって細かく分裂した地面をハリケーンが吹き飛ばしてしまうことがあるが、グアノはそれを防ぐこともできるのだ。

その海岸は、秋になると集まってきて動けなくなる浮氷塊によって守られている。集まった浮氷は融合して氷脚を形成することが多い。氷脚という言葉は、このあとも本書で繰り返し使うことになる。図5、6、7、8は、この氷脚のでき方がわかる写真だ。

営巣地は、内陸の険しい崖の上にまで広がっている。高さは最高で三〇〇メートルを超えており、

図 5. 秋の荒れた海。

図 6.「…氷の塊が集まる」

図7.「…冬が近づくと氷は集まって融合する」

図8.「…そして後に、美しい氷脚のテラスが形成される」

ほとんど到達不可能なのではないかと思える場所もある。ペンギンが登って到達するのは非常に困難だと思われる。

　アデア岬から約三〇キロメートル南のヨーク公島には、また別の営巣地がある。容易に予想できる通り、ここにあるのは小さなコロニーだけである。実のところ、もっと大きな営巣地に空いた場所があるにもかかわらず、わざわざここを選ぶペンギンがいる理由がよくわからない。ヨーク公島の営巣地は、春もだいぶ遅くなるまで、凍っていない海まで相当な距離があるからだ。何キロメートルもの海氷で海と隔てられる。時折、潮汐や、アザラシの動きなどによって氷が割れて隙間が空くこともあるが、そうでない限り、営巣地のペンギンたちは自分の脚で長い距離を歩く以外、食べ物を得ることができない。アデア岬まで到達したにもかかわらず、そこを素通りにして、ヨーク公島を目指すペンギンが少なくない。わざわざ五〇キロメートルも余計に歩いて旅をして、長距離を歩かねば食べ物が手に入らない場所で営巣するのである。

　生まれたヒナに餌を与え始める時期には、湾の中程に氷の裂け目ができ始めるが、それでも、ペンギンが巣から何キロメートルも歩かねば海までたどり着けないことには変わりがない。ただ当のペンギンたちは長旅をすることなどまったく気にしていないようにも見える。早い時期には、二つの営巣地の間の海氷はまだ割れておらず、アデア岬のペンギンたちが営巣地を出て、中間地点あたりでヨーク公島のペンギンたちに会うこともある。そうして会って、おしゃべりを楽しんでいるのかもしれない。

ここで考えるべきなのは、歩いている時のアデリーペンギンの目は、地面からわずか四、五〇センチメートルの高さにあるということだ。その高さだと、見える地平線はせいぜい二キロメートル先くらいまでだろう。つまり、アデア岬からだと、それほど晴れた日であっても、見えるのはヨーク公島の山の頂くらいということになる。山の頂がやっと地平の上に顔を出すくらいということだ。少しでも天気が悪ければ、ペンギンは先が何も見えず、おそらく、ヨーク公島との中間地点にたどり着くことはなかっただろう。そもそもペンギンたちをそれほどの長旅に駆り立てるものは何なのか。どのような本能がそのような行動を促すのだろうか。昔から「移動の本能」というものがあるとは言われているが、地平線がこれほど近い動物にしては驚異の移動である。ペンギンの方向感覚が非常に優れていることは明確である。そうでなければ、ヨーク公島の友達に会うことなどとても無理だ。一九二三年の夏、ニュージーランドに戻る時に、外海を泳ぐペンギンの一群を見たことがある。陸地などまったく見えない場所だった。渡り鳥は自らの目だけを頼りに長距離を迷わずに移動すると主張する博物学者がいるが、ペンギンにも同じことが言えるのだろうか。海氷の北限あたり、翌年また戻って来るはずの営巣地から八〇〇キロメートルは離れている場所で見たペンギンたちも、やはり自らの目だけを頼りに移動するのだろうか。

冬の間のアデリーペンギンがどこにいるのかについては、様々な意見が出ている。ペンギンたちが海氷を頼りに移動しているという点では皆の意見は一致している。しかし、海氷の動きに関する私たちの知識は今のところひどく曖昧だ。そのため、残念ながら、この点に関して私は大まかなことしか言えない。

私は、今後この点について調査をしたいと望む動物学者たちに役立てばと、できる限り多くの証拠を集め、書き留めた。それができたのも、ほぼすべて、一九一〇年から一九一三年にかけてのテラノバ遠征に参加し、航海士を務めたハリー・L・ペネル大尉のおかげである。大尉は親切にも私のために表Aと表Bを作成してくれた（23、24頁を参照）。

表Aはおそらく、ほぼアデア岬営巣地のアデリーペンギンにのみ関係する情報だろう。クロジエ岬、ロイズ岬の営巣地のアデリーペンギンは、秋に北へ向かう際、アデア岬のペンギンたちよりも、六五〇キロメートルくらいは多く移動しなくてはならないと考えられる。

表A

日付	海氷の北限	アデア岬からの距離（単位：マイル）	海氷の南限	海氷の北限から南限までの距離（単位：マイル）	備考
1839年2月 3日	68° S	190	?	?	バレニー
1841年1月 1日	66° 30'	280	69°	150	ロス
1895年2月 1日	66° 15'	300	69° 45'	210	クリステンセン
1899年2月 8日	66° 0'	315	69° 0'	180	ボルクグレヴィンク
1904年2月27日	?		70° 30'	?	スコット
1910年2月15日	データなし		データなし		テラノバ
1912年3月13日	データなし		データなし		テラノバ
1913年1月30日	データなし		データなし		テラノバ

注—ロス、クリステンセン、スコット、シャクルトン、ペネルはすべて、季節がかなり進んでから、海岸沿いに西へと移動していた時に、アデア岬から45マイル〜75マイル（約72km〜120km）という位置で海氷を発見している。また、すべて海氷で先に進めずに引き返している。

ペネルによれば、アデア岬の西、バレニー諸島の南の海には大量の海氷がありそうだという。また、アデリーペンギンが、秋にアデア岬の営巣地を離れたあとは、そのあたりにいる可能性が高いともいう。ただ、アデリーペンギンは冬の間、海氷の北限あたりにいると考えるのが妥当だと私は考えている。そのあたりの環境がペンギンにとって最も都合が良いと思われるからだ。

表B

日付	経度	北限	北限から南限までの距離（単位：マイル）	アデア岬から海氷の北限までの緯度の差（単位：分）
1840年　1月12日	166° E.	64° 30'	—	400（ウィルクス）
1902年　1月　3日	178° E.	67° S.	140	250（ディスカバリー）
1902年12月31日	180° E.	66° 30'	60	280（モーニング）
	セカンド・ベルト	69°	30	130（モーニング）
1908年12月20日	178° W.	66° 30'	60	270（ニムロド）
1910年12月　9日	178° W.	64° 45'	300	390（テラノバ）
1911年12月27日	177° W.	65° 20'	160	360（テラノバ）
1911年　3月　8日	162° E.	64° 30'	270	400（テラノバ）

第一部

絶食期間

一〇月一三日から一一月三日までの日記では、営巣地にアデリーペンギンたちが到着したことを書いている。また、巣作り、交尾が行われる期間についても書いている。

アデア岬、リドリー・ビーチの営巣地に最初のアデリーペンギンが到着したのは、一〇月一三日だった。同時にブリザードが来て、雪と風のために観察ができなくなった。翌日になりブリザードが弱まると、ペンギンの姿はどこにも見えなくなっていた。

一〇月一五日、二羽のアデリーペンギンがビーチを歩いているのを確認。午前中は離れて動いていた二羽だが、午後になると行動を共にし始め、営巣地の南東端、アデア岬の断崖の下まで連れ立って歩いて行った。そこなら、冷たい風から身を隠すことができる。

一〇月一六日午前一一時、二〇羽ほどのペンギンが到着。単独で現れた者も何羽かいたが、三羽

図9. 営巣地のペンギンたち

の集団も一つ確認できた。到着したペンギンたちは、それぞれが自由に行動していた。ビーチで立っている者もいれば、歩き回る者もいた。ただ、当てもなくさまよっているようにも見える。誰か注目に値する者が現れるのを待っているようでもある。

午後四時には、営巣地のペンギンの数はおそらく一〇〇羽には達していた。穏やかな日ではあったが、霧が出ていたため、海氷の向こうまで見渡すことはできなかったが、ペンギンが近く大集団で現れることはなさそうだった。少しずつやって来るようだ。ペンギンのほとんどは営巣地のあちこちにほどよく散らばり、動かずにうずくまっている。単独でいる者も、何羽かまとまっている者もいて、向いている方角は皆ばらばらだ（図9）。今のところ、どこに巣を作るつもりなのかよくわからない。地面のくぼみの上にいる者もいるが、凍った湖に積もった雪の上にいるものもいる。これから交尾など繁殖に関わる行動が始まりそうな予兆はまったくない。羽毛の美しさを見る限り、皆、健康状態は良さそうだ。

一〇月一六日の夜の間に、ペンギンの数は大幅に増えた。一七日の午前中には、そのペンギンたちが営巣地全体に広く散らばっていた（図10）。二羽か三羽でまとまっている者もいたが、多くは一ダースかそれ以上の集団になっていた。どのペンギンも無気力に見える。多くはうずくまって、クチバシを伸ばし、眠そうにしている。前日と同じく、地面のくぼみにいる者も多いが、風もない中、巣を作るわけでもない。皆が静かに過ごしている。長旅で疲れていることもあるだろう。おそらく、もっと数が増えるのを待っているのだと思われる。数が増えれば、それに刺激されて、繁殖行動を開始するのだろう。グアノに覆われ、小高くなった場所には古い巣がある。地面は柔らかく、小石も散乱している。特に気温が上がるのを待たなくても、すぐにでも仕事にかかれそうではある。

一〇月一七日には、到着するペンギンの数が徐々に増えていった。到着したペンギンたちは、ビーチの北端の海氷から少しずつ陸に上がって来る。やがて氷脚にペンギンの通り道ができていく。ペンギンたちは一列縦隊で進むので、ついには時々、途切れながらも、北の水平線まで続く長いペンギンの行列ができた。

その日、私は、一部のペンギンたちが、小高い場所の古い巣を自分のものにし始めたのに気づい

図10. 営巣地はペンギンで埋まり始めた

た。ただし、そのペンギンたちは、古い巣を修復、改造するなどの動きはまったく見せずにその場にうずくまっているだけだ。どうやら、つがいの相手のいない雌らしいとわかった。相手になる雄が来るのをそこで待っているのだ。これはアデリーペンギンの雌のごく普通の行動らしい（図11）。

二羽のペンギンが占有した巣がすぐそばにあった場合には、二羽はそれぞれに首をのばして互いをクチバシでつつき合うことになる。狙いは互いの舌らしく、実際に舌に命中することもあるのだが、だいたいは、クチバシの周囲の柔らかい部分に当たる。突かれた部分が腫れ上がることもある。時には、互いのクチバシが絡み合うこともある。この過酷な戦いは一時間ほども続くのだ（図12）。

一度、そうして争っていた雌の一方が、もう一方の雌を巣から追い出すのに成功したのを見た。負けた雌は、数メートル離れた場所で再びうずくまった。羽毛が少し乱れ、気が立っているようだった。勝った方は元の場所へと戻る。嬉しそうだ。恍惚としているように見える（67頁、図30を参照）。古い巣は周囲に他にいくらでもあるのに、これほど激しい戦いが起きるのは、よほどその場所に執着があるからに違いない。

午後九時にさほど強くない吹雪があった。すると、巣を占有していた何羽かのペンギンたちがその場を去り、くぼみになっている場所に寝そべった。すぐに雪が何センチメートルも積もるが、そこなら快適に過ごすことができる。午前中に氷脚のそばまで来ていた一〇羽あまりのペンギンたちは、海氷の上にとどまり、営巣地へと続く短い坂を上がろうとはしない。結局、一日中その場を動

図 11. 手前では、つがいになった二羽で巣作りを始めている。奥の右側には、つがいの相手がいない二羽の雌が占有した場所に寝そべっているのが見える。

図 12. 雌たちのつつきつつかれの戦いは 1 時間ほども続く

くことはなかった。

すでに書いたようなわずかな例外を除けば、これまでに到着したペンギンたちは、とても疲れているのか、それとも、自分たちが早く来すぎたとわかっていて、時が来るのを待っているのかはわからないが、とにかく不思議なほどに静かでおとなしかった。

一〇月一八日、天候が良く、巣作りを始めるペンギンが増えた。だが、まだ大半のペンギンたちは特に何もしようとはしない。巣作りを始めた者たちは、古い巣から小石を取っていく。何しろ今のところ、ほとんどの巣は誰も所有権を主張せずに空いているのだから何でもできる。アデリーペンギンはなかなか大きい巣を作る。側面に積み上げられる小石の高さは数センチメートルある。中央部分の

図 13. 巣に小石を運ぶ雄

くぼみは快適な居住空間になっている。小石を運ぶのは専ら雄の仕事らしく、雌の方は絶えず巣を見張っている（図13）。そうしないと、せっかく苦労して作りあげた巣をすぐに他のペンギンたちに奪われてしまうからだ。

私が営巣地を歩き回っても、ほとんどのペンギンは気にも留めない。しかし、中には、非常に攻撃的な態度を取る者もいた。怒りを露わにし、一〇メートルも離れた場所から駆け寄って、私の防風ズボンに噛みつく者もいた。その日の朝は、海氷の上に相当な数のペンギンが集まり、寝そべっていた。あと何メートルかで営巣地という場所に留まっているのだ。そこまで来られただけで満足してしまったように見える。一日中、まったく動かずに寝そべったままだ。脱力して顎まで積もった雪についてしまっている。

一〇月一八日の夕方になると、ほとんどのペンギンは、小さな集団に分かれて、古い巣の数多く集まる場所へと移動した。ただし、場所にはまだ十分に余裕がある。到着したペンギンたちはまだ三〇〇〇羽か四〇〇〇羽というところだ。海氷の上を、氷山に向かって何百メートルか行けば、氷がなく海に入れる場所がいくつもあるのだが、その場にいるペンギンはただの一羽も餌を取ろうとはしなかった。

午後六時、営巣地全体が眠っているように見えた。何時間もけたたましい鳴き声が絶え間なく続いていたが、今はそれも止み、死んだような、感動的ですらある静寂が訪れていた。しかし、よく見ると、ここかしこに勤勉な者たちがいる。忙しく動き回り、小石を次々に自分の巣まで運んでいる者たちがいるのだ。

この時期は真夜中でも真っ暗にはならず、遅い夕暮れ時くらいの暗さだ。そして、すぐにまた太陽が昇り始める。もう少しすると、一日中が昼間という季節になる。

一〇月一九日の午前中までの間にも、多数のペンギンがやって来た。それでも、営巣地はまだ二〇分の一ほど埋まっただけだ。ペンギンたちは皆、完全に絶食している。巣作りは盛んに行われるようになった。営巣地全体が起きて活動している。新たな巣作りに使う小石のほとんどは古い巣からの流用である。しかし、小石の強奪も横行している。略奪者を発見すれば、即座に怒って追い払う。逃げる相手をしばらく追いかけることもある。面白いのは、泥棒と追っ手の見た目の違いだ。泥棒の側はともかく巣と巣の間を必死に走って逃げて行く。時々、方向を変え、群衆の中に自分を紛れ込ませるなど、あらゆる方法を駆使して、追っ手から逃れようとする。その時、羽毛はすべてねかせられ、身体に張りつくことになる。流線型になった身体は、追っ手の半分くらいの大きさに見える。泥棒を捕まえようと必死になっている追っ手の側は、怒りで羽毛が逆立ち、身体が膨らんで見えるからだ。このせいで、私は最初のうち、アデリーペンギンは雌の方が雄よりも大きいのだと思い込んだ。巣に留まっているのが雌で、小石を探し行くのが雄であることが多いからだ。しかし、後になって、アデリーペンギンの場合、性別による大きさの違いはまったくないことがわかった。大きさだけでなく、少なくとも人間の目では、性別による外見上の違いはわからない。交尾のあとには、行動や、様々な外見的兆候によって雄と雌の見分けがつくようになる。この行動上の違いについては、あとで詳しく触れるが、ここでも少し書いておこう。

すでに書いた通り、泥棒ペンギンは、罪の意識からか、羽毛がねかせられて身体が小さく見えるが、泥棒された側には、怒りによって正反対のことが起こる。巣作りするペンギンが多数集まる小山を観察していると、明らかに他よりも小さく見える個体が、巣と巣の間を静かにすり抜けて行くのを見つけることがよくある。その個体を見続けていると、そのあとの行動から、隣人の石を狙う泥棒であるとわかるのだ。周囲のペンギンたちはそれをよく知っているらしく、そのペンギンが通り過ぎる際に、クチバシでつつくことがある。

雌が無警戒で巣にいるのを見つけると、泥棒ペンギンは雌の背後から忍び寄り、こっそりと巧みに小石をくわえて逃げ去る。そして、意気揚々と、つがい相手の雌が忙しく巣の整備をしているところに帰還するのである。泥棒は何度も同じ場所に戻って盗みをはたらく。哀れにも、その巣の持ち主は、自分の背後の部分の小石が一つずつ減っていっていることに気づかない。

子孫を産み、育てることに成功するか失敗するかには、個体の性質が大きく影響するようだ。常に用心深く、警戒を怠らないため、決して石を盗まれたり、嫌がらせをされたりしない個体もいる。そうした個体は、数多くの小石を集めて壁の高い大きな巣を作ることができる。反対に、注意力が足りず、他の個体につけ込まれて腹を立てるはめになる個体もいる。また、気が弱いために、気が強く攻撃的な隣人たちに目の前で小石を盗まれても何もできない個体も少なからずいる。

アデリーペンギンの営巣地で巣作りの際、盗みが横行するのは事実だが、ここで書いておきたいのは、暴力に訴えて力ずくで小石を盗むペンギンはいないということだ。また、盗みが発覚すれば、当然、被害者からは攻撃を受けることになるが、逃亡する泥棒ペンギンが、憤慨した追っ手に捕まって激しい攻撃を受けたとしても、それに少しでも反撃することはまずない。所有権の問題に関して争いが起きるのは、いずれかのペンギンが悪気なく本当に他人の巣を自分のものと間違えた、という時くらいだが、それはめったにあることではない。実際、それは本当に稀なことであり、私自身がそういう理由で起きた喧嘩を目にしたのはたった一度しかない。巣をどの場所にするかは、あとでも詳しく書くが、常に雌が決める。これは、どういう場合でも同じで、必ず雌が決めるのだ。つまり、争いの原因になるのはいつも雌ということになる。巣にすべき地面のくぼみをめぐって雌どうしで争いが起きることもあるが、所有権は当然、勝者のものになる。

私がペンギンたちを長い間続けて観察していて驚き、また興味を惹かれたのは、ペンギンには実は個体ごとに大きな性格の差があるということだった。当然、予想される通り、泥棒されても何も抵抗できないほど気が弱い個体はさすがに稀だったが、それでも性格が様々に違うことは確かだ。たとえそういう個体がいたとしても、子孫を産み、一人前になるまで育てることはとてもできないだろう。

巣作りを始める際はまず雌が、巣にする場所にうずくまってしばらくの間、動かずにいる。おそらく、その場の雪や氷を溶かしているのだろう。そして次に、足の爪を使って、邪魔になるものをどかす。巣作りに使えない細かい石のかけらなどはその場から外に出すのだ。その作業をしながら雌は円を描くように動いて行くので、地面に円形のくぼみができることになる。一方、雄のペンギンは小石を運んで来る。石を探しに行き、一度に一つの小石をくわえて戻って来るという作業を何度も繰り返すのだ。運んできた石は、雌の前の適切な位置に並べていく。

地面のくぼみには、小石が一つずつ綺麗に列を成すように並べられていく。雌のペンギンはその上に座ることになるのだ。そして、巣の外周には、雌を取り囲むようにさらに小石が積み上げられる。ただし、巣によっては、くぼみの上に秩序なく乱雑にただ数多くの石が置かれることもある。その上に雌が座ることで、中央部分がその重みで少し下がることになる。

個体ごとに違うのは、巣の作り方だけではない。巣を作る際に選ぶ石の大きさも個体によって違っている。いったいペンギンがどうやってこれを運んだのだろうかと不思議になるような大きな石ばかりで作られている巣があるかと思えば、そのすぐ隣に極めて小さい石ばかりで作られた巣が並んでいたりする（図14）。

個体だけでなく、つがいもそれぞれに性格や雰囲気が違っている。激しい喧嘩を繰り返すつがいもいれば、非常に仲睦まじいつがいもいる。後者のつがいの互いに対する優しく思いやりのある態度は見ていて感動的ですらある（図15）。

一〇月一九日になると、気温がかなり上昇していたことも記しておくべきだろう。この日には気温がだいたい華氏〇度（-17.7℃）にまで上がっていた。

一〇月二〇日には、絶え間なくペンギンたちがやって来た。到着してすぐに営巣地の群衆の中に紛れる者もいれば、何羽かで集まって、営巣地から数メートルの距離の海氷の上に留まる者もいる。そこまで来ただけで満足したのか、あるいは、集団での長旅のあとで休息を取る必要を感じているのか、それはわからない。長旅の大部分は、氷のない海を通るため間違いなく泳ぎなのだが、海氷

図 14. 大きな石ばかりで作られた巣のすぐ隣に極めて小さい石ばかりで作られた巣が並んでいることもある

図 15. 仲睦まじいつがいのペンギンたち

の上を相当な距離、歩くことも同時に必要であったと思われる。そう考えれば、到着してすぐに休みたくなるのも納得できる。

ペンギンの泳ぎについてはあとで詳しく書く。氷の上では、二種類の方法で前進する。一つは普通に歩く、という方法である。ペンギンたちの脚はとても短いので、歩幅も短く、約一〇センチメートルにしかならない。平均の歩数は、一分あたり一二〇歩くらいだ。

もう一つは、「トボガン」と呼ばれる前進方法だ。歩くのに疲れた時や、非常に滑りやすい場所を通る時に選択される。白い腹を下にして倒れ、滑らかで、日光を反射して輝く氷の面を、脚を交互に力強く動かすことで滑って行く。

ペンギンたちは遠目にはとても静かに進ん

で行くように見える。歩くにしろトボガンを使うにしろ、速度はそう変わらないので、水平線まで続く長い行列は、非常に整然としているようにも見える。私は列のそばまで行って、二キロ近くペンギンたちについて歩いてみた。時折、立ち止まって、ペンギンたちが通り過ぎるのを見ていたり、写真を撮ったりもした。その写真を基にあとでスケッチも描いた。近くに行くと、ペンギンたちのほとんどが息を切らしているとわかる。苦しそうな呼吸の音がはっきりと聞こえるのだ。

何羽かが続けて歩いているかと思うと、また何羽かがトボガンで進んでいる（図16）。歩いている者が急に腹ばいになって、トボガンを始めることもあるし、逆に、トボガンで進んでいた者が突然、立ち上がって歩き始めることもある。こうすることで、行進が単調にならずに済むのだろう。使う筋肉や神経を時々、変えることで、使っていないところを休ませることもできる。

海氷上の雪の状態は場所によって様々に変化する。滑らかな場所では、ペンギンたちはトボガンで進むことになるし、滑らかでない凹凸が多い場所では必然的に歩くことになるだろう。図16、17、18、19、20を見ると、営巣地に向かい、何日にもわたって何千羽という数のペンギンが行進している様子が少しわかるだろうと思う。

トボガンをしていて、左右どちらかの方向に曲がる際には、行きたい方向と反対側のフリッパー（翼）で地面を叩く。何かから逃げる時、あるいは何かを追いかける時には、両足に加えて両方のフリッパーを同時に使って推進力を得る。氷の上を進む方法としてはこれが最も速い。だが、そん

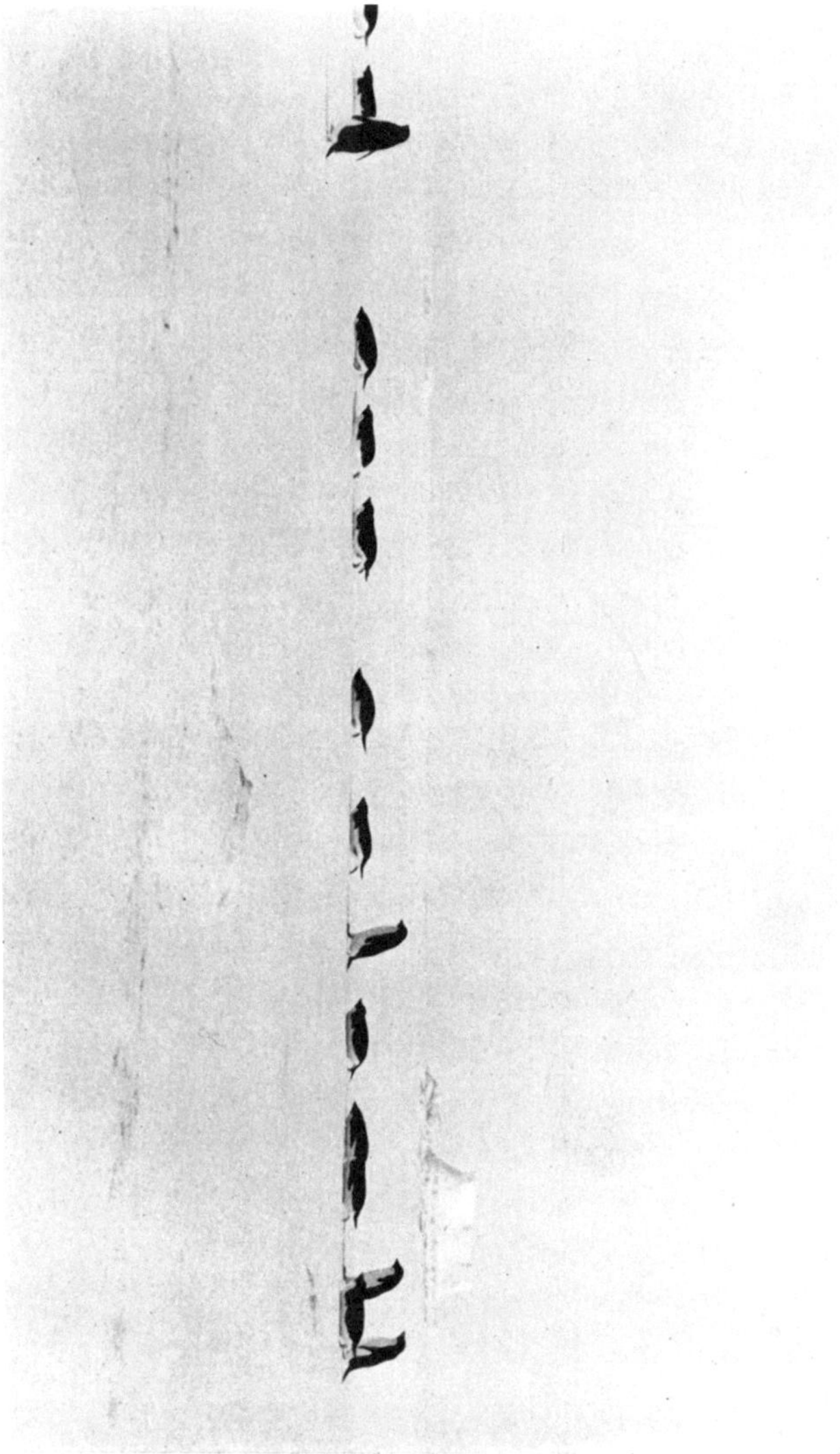

図16. 営巣地に向けて海氷上を進むペンギンたち。歩いている者もいれば、トボガンで進んでいる者もいる。

図17. 営巣地へと向かうペンギンの列。長さは数キロメートルにもおよぶ。

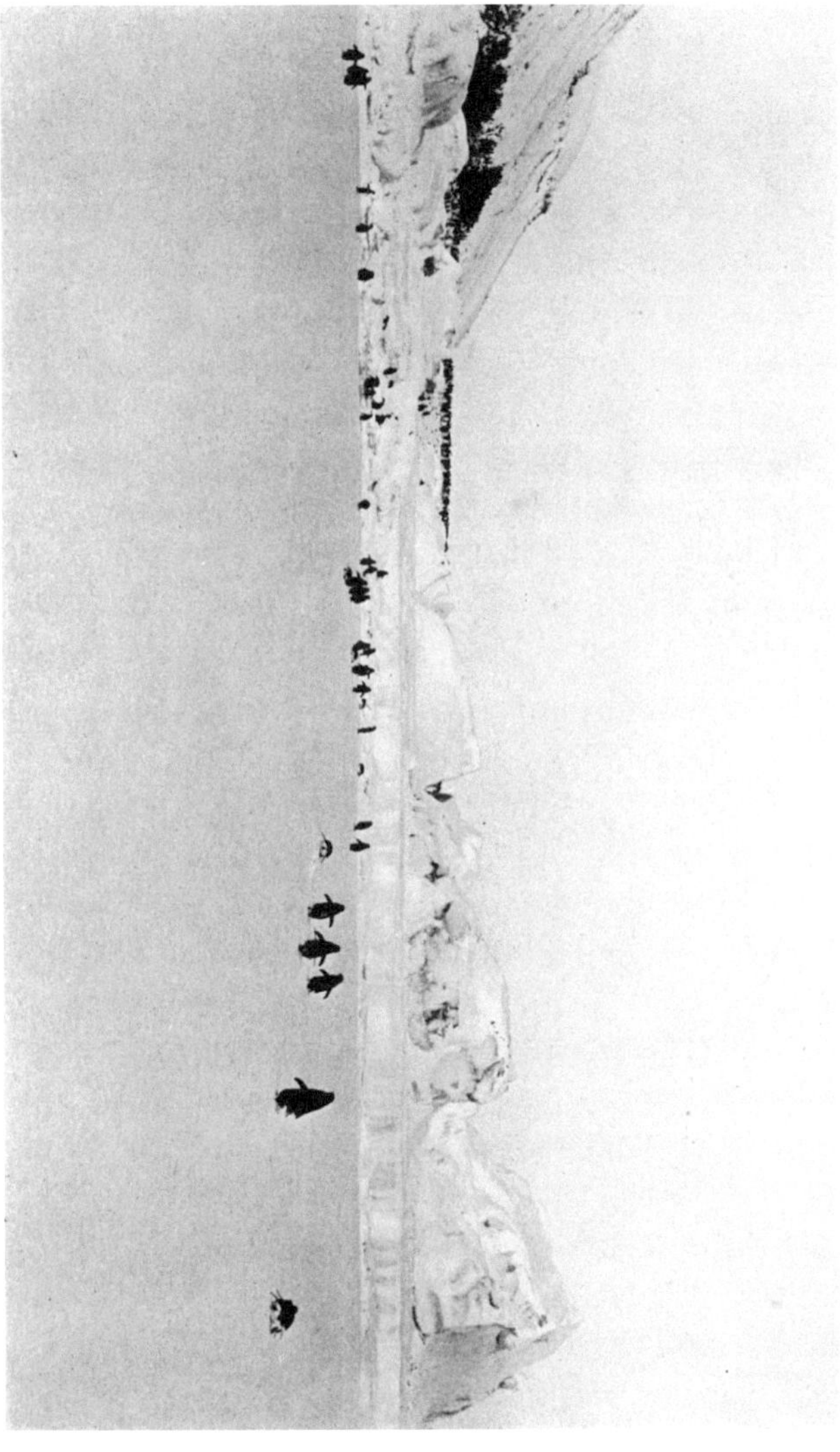

図18. 営巣地に到着

図 19. 営巣地に到着したペンギンたち。奥の断崖には頂上にいたるまで数多くのペンギンたちが巣を作る

図20. 営巣地に到着したアデリーペンギンたち

なことをして全速力で進めば当然、非常に疲れる。この方法での前進は長くは続かずに、すぐに歩き始めることになる。

一〇月二〇日には、大半の巣が埋まった。ほとんどの巣に雌がいるが、卵はまだ一個も確認できない。凍った湖の中央あたりに小さな島があり、そこは巣作りに適してはいるのだが、一つ問題がある。このあと季節が進むと、おそらく卵が孵化する頃に湖の氷が溶けるのだ。そうなると、島から出て移動するには、深さ一五センチメートルほどの濁った水や泥土の上を歩かなくてはならない。しかし、しばらくの間、湖の表面は氷、雪に覆われている。

実際には、その島の上に巣を作ろうとするペンギンは皆無である。凍った湖の上を歩いて島まで到達する者はいるが、皆、ただ通り過ぎるだけだ。後に氷が溶けて泥土になってしまうことをペンギンたちはどのようにして察知するのか、それは謎だ。

湖には、その島からさほど遠くない場所に、もう一つ盛り上がりがある。ただし、その盛り上がりは、グアノに覆われた多数の小石によって、湖の周りの陸地とつながっている。その盛り上がりに巣を作っているペンギンは多い。つまり、ペンギンたちは、そこならば常に泥まみれにならずに移動ができることを知っているわけだ。これは特筆すべきことだろう。

営巣地の南側の氷脚には、多数のペンギンが登ったおかげでできた踏み分け道が見える。海氷からビーチまで続く踏み分け道だ。傾斜が急で氷で滑りやすいところである。踏み分け道を見ると、ペンギンたちは、最も登るのが難しいところをまっすぐに登っているとわかる。その踏み分け道から一〇メートルと離れていない場所には、海氷から営巣地まで楽に登れる傾斜があるのにだ。おそらく、最初に到着したペンギンが難しい経路を取ったのだろう。それであとに続くペンギンたちは何も考えずに同じ経路を取った。よほど幸運なペンギンか、独立心旺盛なペンギンでないと楽な道を取ることはできないのだろう。

一〇月二一日には、北の方角から何千ものペンギンが到着し、絶え間なくビーチへと流れ込んで行った。海氷を渡るヘビのようなペンギンの長い列は、目に見える範囲ではまったく途切れることがなかった。

アデア岬の急勾配の側のかなり高いところにまで、多数のペンギンたちが巣を作り始めた。頂上付近、高さ三〇〇メートルほどの地点に巣を作るものさえいる。もっと低い位置にいくらでも場所があるにもかかわらず、わざわざそこに巣作りをするのだ。いったい何が目的なのか。ヒナが生まれれば、わざわざ長い距離を移動して餌を取りに行かなくてはならないのに。これはまったくわからない。まだごくわずかのペンギンしか営巣地に到着していない時点でも少数ごとに固まって巣作りをするが、それと同様の理由からかもしれない。アデリーペンギンにとってはどうやら広い場所を確保できる方が重要らしい。あとで密集することになってしまうのが嫌だということかもしれない。この点に関しては他の説明もあり得るが、それに関しては別のところで書くことにする。

午後九時、薄暗くなってきた。営巣地は比較的、静かではあったが、いくつかの小山では、二、三羽のペンギンたちが、忙しそうに行ったり来たり歩き回って小石を集める姿が見られた。その他の大多数はゆっくり休んでいる。白い腹を下にしていて、見えるのは黒いクチバシと頭ばかりだ。顎も地面につけて寝そべっている。日中は争う声があちらこちらから聞こえて騒がしかったのだが、今は、わずかに忙しくしている者たちの声が遠くから聞こえるだけだ。粒子の細かい粉雪が降っている。

ビーチから遠く離れた地点では、到着するペンギンの数がさらに増え、すでに一列では済まなくなっている。ペンギンたちの進行はゆっくりだが一定している。しかし、ビーチから一キロメートルくらいまで近づくと、ペンギンたちは興奮し始める。急に走り始め、残りの距離を一気に縮めようとする。列は細くなり、ところどころで曲がるようになる。ペンギンたちは一斉に大股で、翼を広げて小さな脚で走る。小学生が休み時間になってどっと運動場に出て行く様子に似ていた。もう待ちきれないとばかりに急いで目的地に向かうのだ。

営巣地に着いたペンギンたちは突然、金切り声をあげながら絶えず互いに争う群衆の中に入って行くことになる。ほんの少し前までいた海氷の上の完全な静寂と孤独とはこれ以上ないほど大きな違いだ。しかし、到着すれば、ペンギンたちは集団にすぐに溶け込み、その場に馴染んでしまう。驚くべきことのように思えたが、よく考えれば、私も南極から帰国した時に同じような感覚を体験している。南極とはまったく異なった騒がしい文明の中に置かれたのにすぐに馴染んでしまったのだ。

私たちの存在は、ペンギンたちにはほとんど影響しないようだ。さすがに近づきすぎれば、顔を上げて大きな声を出すこともあるし、私たちに向かって走ってきて、脚をクチバシでつつく、翼で叩く、ということもある。しかし、巣作りの邪魔をしない限り、そうした攻撃は長くは続かない。次の瞬間には私たち人間の存在を忘れたかようになる。巣が数多く並ぶ長い小山のそばを通り過ぎてみたことがあるが、確かに私がそばを通ったペンギンはいちいち低い唸り声をあげはするものの、唸るのは皆、私の前にいるペンギンたちばかりで、私の後ろのペンギンたちはすぐに唸るのをやめる。まるで川の脇で大学ボートレースを見ている群衆のようだなと思った。

実際にペンギンたちの巣の間を歩き回ってみると、はじめは大変な緊張を強いられることになる。何しろ、近くにいるすべてのペンギンたちがクチバシで脚をつついてくるからだ。雄のペンギンなどは勇敢にも翼で叩くという攻撃に出てくる。笑ってしまうくらいの弱い打撃だと思っていたら、次第に強く激しくなる。痛みを感じ、あざが残るのではないかと思うほどだ。だが、その攻撃もすぐにやむ。小さな鳥たちのこの勇気は注目に値するし、称賛すべきだろう。

私たちの小屋は営巣地の只中に立っているので、ペンギンたちの群れの中を通らないと近づくことができない。私たちのそばで巣作りをしたペンギンたちはすぐに私たちの存在に慣れたらしく、遠くにいる者たちに比べるとあまり関心を持たない。ただ、かわいそうなことに、近くのペンギンたちを怖がらせてしまったことが一つある。私たちは飲水の確保のために、氷脚から氷を取って来なくてはならない。その際には、どうしても小さなそりを使うことになる。小石だらけの営巣地の上でそのそりを引っ張って行くと、がたがたと大きな音が出てしまう。しかもそりが通ると、その場所の巣は荒らされてしまうことになる。巣の住民は混乱して非難する。そりが通った跡には、何もない道が残る。その道の両脇のペンギンたちは大変な恐怖にかられて遠くに逃げてしまう。しかし、そりが通ってから一分もすると、ペンギンたちはもとの場所に戻って、その「事件」をまったく忘れたかのように行動し始める。だが、私たちは、そんなふうにペンギンたちを怖がらせて申し訳ない気持ちになる。できるだけ平和に共存しようと努力はしていて、なるべく困らせることはすまいと思っていたのだが、どうしようもないこともあったのだ。しばらくすると、巣の中の卵を外に出してしまわないか、壊してしまわないか、と恐れるようになった。時が経つうちに、ペンギンたちはそりが通ることにも慣れてしまった。私たちもすでにできた通り道だけを使ってそりを引くようにした。

営巣地のペンギンの数が増えるにつれ、争い、戦いは頻繁になるが、見ていると、戦いにはまったく違う二つの種類があることがわかる。一つは巣の場所をめぐっての戦い、あるいは小石を盗まれたことで当然の結果として生じる戦いである。そしてもう一つは、雌をめぐっての雄どうしの戦いだ。後者の方がより真剣で重要な戦いである。それだけに、どちらか一方が勝つまで徹底的に続けられることになる。前者の戦いはそうでもない。

ペンギンの繁殖行動に関しては、次に書くような興味深い習性が広く見られる。

まず、雌は昨年、自分の巣にしていた場所に戻って来ることが多い。そうでない場合は、地面の適切な場所を少し掘ってくぼみを作り、そこに落ち着く。いずれにしてもまず雌が場所を決め、そこで雄が求愛してくるのを待つことになる（図21）。つがいの相手が決まる前に、雌が自分だけで巣作りを始めることはない。巣作りの時期が始まってから最初の一週間で営巣地には大変な数のペンギンが流入し続けるので、雌は通常、雄の求愛を長く待たねばならないことはない。しばらく時間が経ち、営巣地がペンギンで埋まる頃になると、七〇万羽くらいはいると思われる群れの中で、

図21. 求愛（雌は地面のくぼみの上にいる）

つがいの相手が決まらないペンギンはごくわずかになる。さすがにその時点で相手のいないペンギンが繁殖できる可能性は低いだろう。

たとえば一一月一六日には、つがいになったペンギンたちが密集している小山では、すでに多くのペンギンに卵が産まれていた。その時まだ相手のいない雌が一羽、確認されていたが、その雌は来る日も来る日も地面に掘ったくぼみの上で動かずにいた。時が経つにつれ痩せていき、悲しげに見えた。まったく巣作りをしようとはしない。一一月二七日、ようやくその雌の努力が報われた。つがいになる雄が現れたのだ。雌は、随分前に掘ったくぼみに巣を作るべく、忙しく働き始める。雄は、せっせと必要な小石を運んで来る。この一〇日くらいとても寂しそうだった雌が、今は実に幸せそうに見える。

ただ、どうやらアデリーペンギンの交尾は、営巣地にペンギンが到着した時から絶え間なく行われているらしいことが次第にわかってきた。一〇月二三日に、私はペンギンの集団がビーチに流入して来る場所まで行き、そのうちのまだつがいの相手がいない一羽を追跡し、動向を観察することに決めた。後に、そのペンギンは雄であるとわかった。その雄は一羽で、営巣地のほぼ端から端までを他のペンギンたちの間を縫うように歩き回った。すでに巣作りが始まっている小山は避け、できるだけ空いている場所を選んで進む。一〇〇メートルほど進むごとに立ち止まり、羽毛を立てて膨らませ、少しの間、目を閉じてから、羽毛をねかせて再び歩き始める。どうやら眠気と闘っているようだ。長旅のあとなのだから仕方ないだろう。歩きながら、頻繁に頭を前に突き出したり、左右に振ったりする。いくつもある小山を見上げることもある。何かを探しているようだ。

ついに営巣地の南端に到着したが、雄はそこで突然、意を決したように、すでに多数のペンギンたちが巣を作っている小山の一つに果敢に登り始める。そして、一羽の雌がいるくぼみに向かって一直線に歩いて行く。その雌の傍らには別の雄が立っていたが、私の観察する雄にはその姿が目に入らないのか、無視しようと思っているのかはわからないが、まるでお構いなしに雌に近づいていく。雄は巣の前の凍った地面に向かってクチバシを突き出し、頭を持ち上げた。どうもそこには存在しない想像上の石を雌の前に置いて見せているらしい。まるで無言劇を演じているようだ。しかし、雌はまったく関心を向ける様子がない。つがいの相手らしい雄も同様だ。

私の観察する雄は身体の向きを変え、一メートルほど離れた別の巣に歩いて行った。そこにはまた別の雄と雌がいた。近づいて来た雄に、巣にいた雄はすぐに攻撃を仕掛けてきた。翼で激しく叩き合うような戦いがほんの少しの間、行われたが、私の観察する雄はすぐに追い払われてしまった。巣から遠く離れ、小山の下の方まで逃げて行くことになった。勝った雄は雌のところに戻って行った。ただし、私の観察する雄も、いかにもアデリーペンギンらしく粘り強いようだった。また同じ巣まで戻って行って、すぐ近くに立った。やがて羽毛を膨らませ、居眠りの態勢に入った。どうも再び戦いを挑むつもりはないらしい。他のペンギンたちはまったく彼のことを気に留めない。疲労に負けたのか雄はすっかり眠り込んでしまい、動かなくなった。私はしばらく見ていたが、何も変化がない。寒さに耐えきれずにその場を離れてしまったので、その後どうなったかはわからない。小屋に戻る途中、私は別の雄を三〇メートルほど追いかけた。彼は、つがいのいる巣に向かって歩いて行き、戦いを挑んだ。しかし、少し戦っただけで完全に負けて、その雄は追い払われてしまった。間もなく、多くの雄たちが互いに戦うようになった。ペンギンどうしの絆のようなものは、営巣地のどこにもほとんど見られない。互いへの強い嫉妬心はあるようで、それが戦いへとつながるようだ。繁殖期のあとの時期になるほど、戦いの必死さは増していく。

その典型的な例について私は一〇月二五日にノートに書いている。その日はカメラを持って外に出ていた。営巣地全体では何百種類もの出来事が同時に起きているのだが、そのうちの一つについて書いたのだ。その出来事に関しては、いくつもの段階で写真を撮れたことが大きい。ノートに書いたことを次にまとめておこう。

図22の写真には、三羽の雄が一羽の雌をめぐって激しく争う様子が写っている。当の雌は、習性に従いつがいの相手が現れるのを待っていたくぼみの上で小さくなっている。雄たちのあまりの必死さに動揺しているようだ。

図23の写真には、次なる展開が写っている。二羽の雄が決着をつけようと身構えているのだ。すぐ右には、雌と、三羽目の雄（左が雌で右が雄）がいるのがわかる。どちらも戦いの結果がど

図 22. 3 羽の雄が戦っている

図 23. 3 羽のうち 2 羽が戦う様子

うなるかを見守っている。また、他にもう一羽の雌が、自分とつがいとなった雄も同じような戦いを始めるのを恐れているのか小さくなっている。

図24の写真には、二羽の雄が激しく戦う様子が写っている。どちらも身を傾けて自分の体重を乗せた胸をぶつけ合っている。そして強力な翼で相手を連打するのだ。

図25の写真には、戦いが終わった時の様子が写っている。勝者は、敗者を群れから離れた場所へと追いやり、雪の上に置き去りにしようとするが、敗者が勇敢にも逃げ去ることなくその場に留まるようであれば、勝者はさらに相手に強烈な攻撃を加えて打ちのめす。勝者が立ち去ったあと、敗者は二分くらいの間、地面に横たわったまま動かない。呼吸に伴って胸が動くので、かろうじて生きているとわかるが、消耗しきっているのだろう。その後、しばらく経って回復すると立ち上がって、のろのろと歩き去っていく。翼は怪我をしているのか、力なく垂れ下がっている。しばらくは繁殖活動に加わることはできないに違いない。勝者の雄は、急いで小山に戻り、すぐにまだ元の場所から動かずにいた残り一羽の雄と戦う。間もなくその雄は逃亡を始めるが、勝者はあとを追い、群れの外へと出そうとする。敗者の速度は上がり、近くにいるペンギンたちの間を縫うようにジグザグに進んで必死に逃げようとする。私はすぐにその姿を見失ってしまった。

同じような光景は営巣地のあちこちで普通に見られるようになる。戦う者たちが叫ぶ声、お互いを叩く音が絶えずどこかから聞こえる。何百という戦いの原因は、突き詰めればすべて同じである。

図 24. 激しく戦う

図 25. 戦いの終わり

雌だ。

戦いが始まると、最初のうちはクチバシで相手をつつくこともあるが、すぐに翼を使った戦いに移行する。互いに向かい合って立ち、翼で相手を連打するのだ。音が出るほどの激しさで続けざまに殴る。その時の音は、ウィルソン医師の言葉を借りれば、「子供が輪回しの棒と鉄製の杭を引きずりながら走って行く時のような」音である。すぐに二羽は「戦う態勢」になる。それは、一方のペンギンは右側の翼を、もう一方のペンギンは左側の翼を主に使うような態勢である。つまり、一方は左胸を敵に向けて近づけ、右の翼を振って殴る。もう一方は、右胸を敵に向けて近づけ、左の翼を振って殴るというわけだ。私が写真に撮った雄ペンギンたちは皆、まさにこの態勢で戦っていた。面白いのは、ペンギンはこのように片方の翼だけを使って戦うにもかかわらず、実は両利きだということだ。全力を尽くして相手を殴りながら、ペンギンたちは、体重を乗せた胸も相手にぶつけるのだ。やがて勝敗が決すると、勝者は、敗者をその場から移動させる。まるで強いボクサーのように、強いペンギンは弱いペンギンを「リング」の上で思い通りに動かすことができる。

アデリーペンギンの戦いは確かに激しいが、どうやら相手を殺すほどのことはないようだ。血が流れることは多い。一方の眼が潰れてしまっている者や、クチバシの横（右側だった）に血の塊がついている者を見たことがある。翼から白い胸までが血で真っ赤に染まっているペンギンも特に珍しくはない。

翼で与える打撃は非常に強いが、羽毛で守られているせいもあるのか、ペンギンたちは驚くほど丈夫である。激しい戦いに最後まで耐え抜くことができる。敗者はさすがに疲れきって倒れてしまう。小さな身体は息も絶え絶えという状態になっていることが多い。勝者は皆、その姿を見た時点で満足してしまう。クチバシでとどめを刺そうなどとは思わないらしい。

雄たちが小山の中腹あたりで大勢集まり、騒々しく何やら言い争っているのを見ることもよくある。時には五、六羽が一斉に耳障りな声を一羽に浴びせかけることもある。やがて、その集団は二羽ずつに分かれる。二羽は向かい合い、時折、翼を素早く動かして相手を殴る。自分の強さを誇示しているらしい。お互いがお互いに対して腹を立てているようだ。ここにやって来たこと、自分が雌とつがいになる機会を減らしたことに対して怒り、雌のところに向かう前に排除してしまおうとしているように見える。

こういう予備交渉のような行動は結局、無駄になる。他にいくらでも雄がいるからだ。こんなことをしている間にもいつ攻撃を受け、本格的な戦いが始まるかわからない。先に書いたような流血の戦いは、こういう小さな集団の中で突然、勃発する。あるペンギンが非常な勢いで敵とみなしたペンギンに襲いかかる。そうして、あっという間に相手を小山の下の、誰もいない場所にまで追いやってしまう。決着がつけば、勝ったペンギンは元の場所に戻る。ただし、彼がその勇気と力で周囲の雄を圧倒してしまわない限り、戦いはまたいつでも起き得る。戦いがやんだ時を見計らって、雄は雌に近づいて行く。通常はまず、雄が小石を運んで来て、くぼみの上にうずくまっている雌の前に置く。雌がくぼみのそばに立っている場合には、雄が自分自身でくぼみの上でうずくまる。雌は自分のそばに来た雄を優しく受け入れることもあるが、激しく怒ってクチバシでつつくことも珍しくない。雄はそうされても、おとなしくされるがままになる。雌がつついてくる間は、羽毛をねかせて身を縮め、眼を閉じている。しばらく攻撃が続いたあと、雌の態度は和らぐことが多い。そこで雄は立ち上がり、雌に愛想よく近づいて行く。首を綺麗なアーチ状にして、柔らかい、少ししわがれた声を出して雌をなだめる。そして交尾をするのだ。

雄も雌もいわゆる「恍惚のポーズ」を取る。向かい合って首を左右に揺らすのだ（図21、51頁）。このあと二羽の間には、相手に対する深い思いやりの心が生まれる。厳粛な約束を交わした同志となるのだ。

この光景の美しさを言葉で表現するのは難しい。私は何十回もこの目で見たが、小さなペンギンの雄が、気難しい雌を、上品な態度で辛抱強くなだめる光景は何度見ても素晴らしい。

図26の写真からは様々なことが同時にわかる。写真の中央では、何羽かの雄が喧嘩をしていて、左側には、三羽のまだつがいの相手のいない雌が地面のくぼみに座っているのが見える。ただし、そのうちの二羽（前にいる二羽）は、雄からのプロポーズを受けているところだ。他の雄たちが戦っている中、生涯でも最高の時を過ごしている二羽である。右側にはもう一羽、また別の雌にプ

図26. この写真には、同時にいくつも興味深いことが起きているのが写っている

ロポーズをしている雄がいる。雌にはよくあることだが、雄からのプロポーズに対し、いかにも気が進まないという態度を取っている。

あとから営巣地に到着した者たちは、つがいの相手を確保するまでにどうしても相当、戦わなくてはならなくなる。しかし、すべてのペンギンが苦労しているわけではないようだ。特に、営巣地にまだまばらにしかペンギンがいない早い時期ならば、つがいの相手の確保はそう難しくはない。時期が遅くなると、雄たちは互いに嫉妬し合うようになり、その結果、集団で雌を求めて動き回ることになる（図27、28、29）。

私の観察した範囲では、雄ペンギンたちは妻と家を獲得したからといって、それで安心というわけではなさそうだ。その後も戦いはあるし、警戒を怠るわけにはいかない。強い欲望にかられた雄たちが大量に流入して来る繁殖期の初期段階においてはそうだ。夫が留

図 27. 雌をめぐる雄の戦い

図 28. 雌をめぐる雄の戦い

図 29. 雌をめぐる雄の戦い

守の間を狙って、雌に求愛をして交尾をしようとする不届きな雄は珍しくない。途中で夫が戻って来れば、間男を追い払うこともできるが、まんまと成功してしまうこともある。ただし、卵が産まれ、ペンギンにとっての普通の家庭生活が始まる時期になると、もうそういうことは起きなくなるようだ。その頃には、つがいのペンギンは互いに完全に信頼できる存在になる。

営巣地に到着したばかりの時期に、想像上の石を雌の前に置いて見せる無言劇を演じた雄がいたことはすでに書いた。繁殖期のはじめにはそういう求愛がよく見られるのだが、実際に石を運んで来る雄の方がやはり多い。これに関しては、私の仲間の一人に起きた出来事について言及しておいた方がいいだろう。

その人がある日、氷脚のそばの石に黙って座っていたら、一羽のペンギンが近づいて来た。ペンギンはしばらく彼を見てから、すぐそばまで歩いて来て、防風ズボンをはいた脚の片方をクチバシで優しくかじり、立ち去って行った。その後、小石をどこかで拾って戻って来て、彼のすぐ脇で地面に落とした。小石を渡すのは「友達になろう」という申し入れなのだと考えると、この出来事の説明がつく。

一〇月二六日、ペンギンの流入は数を減らすことなく続いていた。雄どうしの戦いも続いていて、中には一時的に身体に障害を負う者もいた。そういう雄ペンギンたちは、血とグアノにまみれ、意気消沈した様子で営巣地の中を歩き回っていた。二羽の雄が戦っている時に、雌が加わる場合もある。雌は、まず一方の雄を、次のもう一方の雄を、というふうに順に攻撃することもある。ただし、私の知る限り、雌に攻撃された雄がやり返すことはない。

二羽の雄が戦っている時に、雌が一方の雄に加勢するのを見たこともある。二羽が、一羽の雄に同時に強烈な打撃を与える。雌は翼だけでなく、クチバシも使って容赦なく攻撃をする。完全に打ちのめされ、息も絶え絶えになった雄は、その場を離れることになる。その後、また別の雄に遭遇すれば戦うのだが、弱っているために簡単に打ち負かされる。負けてその場から移動すると、さらにまた別の雄が現れる。勇敢で気高いこの哀れな雄ペンギンは、最後の力を振り絞って立ち向かおうとする。私はそこで見かねて間に入り、敵を追い払った。

営巣地の大半の小山は、間もなく巣が過密状態になる。あまりに密集しているので、ペンギンが立ち上がらなくても、ただ首を伸ばすだけで隣人と接触してしまうほどだ。雌どうしはお互いが憎いのか、頻繁にクチバシでつつき合っている。その状態が絶え間なく続くのだ。私の撮った写真にもその様子が写っているが（図12、31頁）、そんなことをしているため、彼女たちのクチバシや頭はひどく傷ついてしまっている。傷が痛むのか、時折は攻撃をやめて頭を振ったりもするが、しばらくするとまた攻撃が始まる。

本書では何度か「恍惚のポーズ」という言葉を使うことになる。この奇妙なポーズは、交尾の際に見られるだけでなく、その後、子育てが始まってからはより頻繁に見られるようになる。恍惚のポーズとは、ペンギンが首を真っ直ぐに伸ばして、自分の身体を上に向かわせるようなポーズである。その時には、何も答えるはずのない天に向って盛んにしわがれた声をあげることになる。鳴管がけいれんするように動く。喉が震えているのが外からでもはっきりとわかる。なぜ、このようなことをするのか私にはまったくわからないが、確かに幸福で恍惚となっているようには見える。フランスのプルクワ・パ遠征に参加した動物学者は、これを「満足の歌（Chant de satisfaction）」と呼んだ。おそらく雄の出す、ロバの鳴き声にも似た声に注目してそう呼んだのだと思われる。通常、つがいのうちの一方がこの歌を始めると、もう一方がすぐになだめようとする。巣作りが進む時期に私は何度も繰り返しそういう光景を見た。つがいの二羽が巣のそばでうずくまっている時に、一方が立ち上がって「恍惚のポーズ」を始め、鳴管をけいれんさせて音を出す。するともう一方はすぐにそばに寄って音符にすると下の図のようになる音を出す。それが柔らかい、相手をなだめるような調子なのだ。

A - ah

相手がこのように反応すると、先にポーズを取った方はすぐに落ち着き、おとなしくなる。動物園のキングペンギン（性別はわからない）が、飼育係が首を叩くと「恍惚のポーズ」を取り、歌うような声を出すのを見たことがある。年に何度も繁殖活動をする足黒ペンギン（ケープペンギン）は一切、そういうことをしない。図21（51頁）と図30の写真には、「恍惚のポーズ」を取るアデリーペンギンが写っている。

この日、一〇羽あまりのミナミオオトウゾクカモメ（*Megalestris Makormicki*）がはじめて姿を現した。巣作りは始めず、ペンギンの集団とともに海氷の上にうずくまっている。一見すると仲が良さそうだ。時折、何羽かが営巣地の上を飛び回る。

一〇月二七日、アデリーペンギンの流入は続いているものの、間隔はかなりあくようになった。到着するペンギンの数は明らかに減っている。昼前には、一時間ほどペンギンの流入が完全に止

図 30.「恍惚のポーズ」を取るアデリーペンギン

まったことがあった。その一時間が終わる頃、南からの強風が私たちに向かって吹きつけた。風は大雪とともに一時間ほど続いた。おそらく、風は私たちのところに来る前にアデア岬近くの海で吹き荒れ、そのせいで海氷を渡るペンギンたちの進行が止められたのだと考えられる。

嵐が吹き荒れている間、営巣地は完全な静寂になった。ペンギンたちの多くは頭を風の吹いてくる方に向けて横たわっていた。その日には、相当な数のミナミオオトウゾクカモメもやって来た。このところ小屋のそばでは光沢のある石英のかけらが見つかるようになった。あとになって、小屋から三〇メートルほど離れたペンギンの巣の中に石英のかけらが二つ混じっているのを見つけた。営巣地の小石のほとんどは黒い玄武岩なので、白く輝く石英はよく目立つ。

通常、ペンギンたちは、巣を作る際に丸みを帯びた石を慎重に選ぶ。ところが、その石英のかけらはギザギザで滑らかではなく、巣作りには最も向かない石のはずだ。これはどうやらこの石の輝きに惹きつけられたらしい。見ていると、その石英のかけらの持ち主は、周囲のペンギンたちに盛んに攻撃され、反撃に忙しいようだった。そして、すぐ後ろの巣のペンギンが、クチバシを突き出して二つあるかけらのうちの一つを盗み、自分の巣に置いてしまった。私は、石英のかけらを見せようと思い、キャンベルをその場に連れて来ていたので、彼もこの犯行を私と共に見ている。

ここで私が何日かあとに試みた実験について書くことにしよう。私はいくつか小石を集めて来て、そのうちの一部を鮮やかな赤に染めた。また、他の色の塗料がなかったので、一部の石を鮮やかな緑の綿生地で包んだ。そうして色をつけた石たちを一つにまとめ、ペンギンたちが巣を数多く作っている小山のそばで黒い小石の中に混ぜた。数時間後に同じ場所に戻ってみると、赤く染めた石はほぼすべて、緑の石も二つほどなくなっていた。いずれの石も、あとでペンギンの巣の中に見つけることができた。さらに時間が経つと、赤い小石はすべてなくなり、最後に残った緑の小石もなくなった。そのほとんどは数日のうちに巣の中で見つかった。また、白く輝く石英と同様、赤や緑の石も盗まれて別の巣に移ることを繰り返し、ゆっくりと、様々な方向へと拡散していった。他に、小屋のそばの巣の中からは、ブリキ缶のかけら、ガラスのかけら、金属製で光るティースプーンの一部などが見つかった。明らかに私たちが捨てたゴミの山から持って行ったものたちだ。ペンギンが光るもの、明るい色を好むことは間違いない。また、私の実験の結果から緑より赤を好むらしいこともわかる。この色の実験をさらに続けられなかったのが残念だ。

一〇月二九日にはペンギンの流入数は減っていなかった。しかし、翌日になると、目に見えて減り、その後の二日で完全に流入が止まった。営巣地の盛り上がった場所は文字通りアデリーペンギンの巣で埋め尽くされた。アデア岬の傾斜に並ぶ何千という巣は、三〇〇メートルもの高さにまで達していた。

第二部

アデリーペンギンの家庭生活

産卵と抱卵：アデリーペンギンの水中での生態：獲物：子育て：社会制度の発達

一一月三日、卵がいくつか見つかった。そして四日になると、あちらこちらに数多くの卵が見つかるようになった。ただし、コロニーのペンギンたちの大半はまだ産卵を始めてはいない。

ここで注目すべきなのは、何千羽というペンギンたちが営巣地にやって来てからその時点まで、営巣地を一度でも離れた者はただの一羽もいないということだ。必然的に、繁殖期の中でも特に大変な時期に、どのような種類のものであれ、食べ物を口にしたペンギンは一羽もいなかったということである。一一月八日にいたるまでの間、私の知る限り、何千羽ものペンギンたちが皆、断食をしていた。その期間は少なくとも二七日間に及んでいた。アデリーペンギンにとっては、一年のうちで間違いなくその二七日間は最も苦しい時期だろう。

営巣地に到着した直後から、わずか数時間の例外を除いて（遅れて営巣地にやって来た者たちにはこの数時間の猶予もないと思う）、ペンギンたちは常に警戒態勢を維持していなくてはならない。戦いに次ぐ戦いだからだ。激しい戦いのせいで瀕死の重傷を負うことさえある。そして回復すればまた戦いだ。勝つこともあれば負けることもある。その後、ついにつがいを作り、巣作りをする。しばらく後に子供が産まれる。ペンギンたちは、自然が課す最も厳しい試練を受けることになるのだ。しかし精神的にも身体的にも過酷なのは間違いないだろう。最終的には、血まみれ、泥まみれになってしまう者も多いが、それでも負けずに活発に勇敢に動き回るのだ。

産卵をしても、雌は引き続き巣に座っている。卵は絶えず温めていなくてはならない。気温は氷点を大きく下回っているのだ、放置はすなわち胚の死を意味する。雌は卵を二つ産むが、一つ目を産んでから二つ目を産むまでの間隔がどのくらいなのかを確かめるため、私は、七つの巣を選んで木釘を立て、それぞれに産卵日を書き込んでいった。その結果は七六頁にまとめてある。

七つの巣のうち四つでは、二つの卵は三日から四日の間隔を空けて産卵されていた。

ただ、1番目と7番の巣に関しては、最初の卵を確認してからかなり長い間、待ったものの、結局、もう二回目の産卵が行われることはなかった。

抱卵期間に関して私が記したのは、最初のヒナが巣に見られたのが5番の巣では一二月一九日

	最初の卵が見つかった日	二つ目の卵が見つかった日	間隔
1番の巣	11月14日	—	卵は一個だけ
2番の巣	11月13日	11月16日	3日間
3番の巣	11月14日	11月17日	3日間
4番の巣			
5番の巣	11月12日	11月16日	4日間
6番の巣	11月 8日	11月12日	4日間
7番の巣	11月24日	—	卵は1個だけ

（つまり抱卵期間は三七日間だったことになる）、そして7番の巣では一二月二八日だった（抱卵期間は三四日間だったことになる）ということだけだ。

一一月四日にはトウゾクカモメの数が大幅に増え、私たちの小屋のゴミ捨て場にも頻繁にやって来た。そこには凍りついたペンギンの死骸が数多くあった。前の冬に、私たちが食料にするために胸部を切り取ってそこに捨てたのだ。トウゾクカモメたちが、その死骸の肉を綺麗に食べてしまったので、皮膚の下には白い骨格だけが残った状態になった。トウゾクカモメたちは驚いたことに、ペンギンの死骸を長い距離、運んで行くこともある。自分自身よりもはるかに重いであろう死骸を持ち上げて運んで行ってしまうのだ。運ばれて行った死骸を、五〇〇メートルほど離れた場所で発見したこともある。

ペンギンとトウゾクカモメの間では、果てることのない戦争が続いている。トウゾクカモメは夏に南に来て、ペンギンたちのすぐそば、というよりも、ペンギンたちに混ざって巣を作る。そして、繁殖期間のほとんどを、ペンギンたちの卵や、ヒナを食料にして過ごす。大人のペンギンを襲うことは決してない。ペンギンたちは、トウゾクカモメが近くにいると、走って行って追い払う。ただカモメは飛べるが、ペンギンは飛べないので、長く追跡することはできない。

トウゾクカモメは、営巣地の上を、地面からわずか数メートルの高さで飛び、親鳥が動いて卵が露わになっているのを見つけると、それがわずか数秒間でも、舞い降りて、ほぼ止まることなく、卵にクチバシを差し込んで、開けた場所まで運んで行き、中身を貪り食うのだ。要するに、ペンギンたちには、営巣地に来たばかりの頃とはまた違った種類の警戒が必要だということだ。巣のペンギンがほんの少しでも油断をし、身体の下にある卵を外から見える状態にしてしまうと、あっという間にトウゾクカモメが舞い降りて来て、卵を得意満面で運び去ってしまうからだ。

ペンギンたちがトウゾクカモメをどれほど憎んでいるかは、私たちのゴミ捨て場でもよくわかった。ここに捨てられている食べ物は、ペンギンにはまったく用のないものばかりなのだが、にもかかわらず、ほぼいつも少なくとも一羽、あるいはそれ以上のペンギンがいて、トウゾクカモメが来ないか見張っていた。実際、トウゾクカモメが来ると、食べ物を取るのを最大限、妨害しようとするのだ。毎回、ゴミ捨て場に降りるのを少なくとも数秒間は邪魔をする。見張りのペンギンは、ともかくトウゾクカモメが近づいて来ると、その方向に急いで向かって行き、クチバシで激しく突こうとする。もちろん、トウゾクカモメはその途端、一、二メートルほども飛び上がり、すぐにペンギンには手の届かないくらい高いところに逃げてしまう。ペンギンは敵を追跡できず、悔しげな声を上げる。その時にはペンギンも、羽ばたいて、飛ぶ真似をする。やはり空を飛ぼうとするのは鳥の本能なのだろうかと思わせる。翼が泳ぐことに適応して変化してしまう前の遠い祖先は、もちろん空を飛んでいたはずである。

ゴミ捨て場のすぐそばには、ペンギンの巣が集中している小山があった。そこには常に見張りのペンギンがいた。トウゾクカモメがそばにいる時には、必ずそこに一羽、見張りがいて、交替の者が来るまでは絶対に持ち場を離れない。しかし、トウゾクカモメがその場を去ると、見張りのペンギンも去るのだ。トウゾクカモメが戻って来れば、やはり見張りも戻って来る。小山にいる見張りペンギンは、ゴミ捨て場にトウゾクカモメが来れば、わずか数秒でそちらへ移動する。どうやらペンギンなりに状況を理解しているらしい。ゴミ捨て場には、だいたい一羽か二羽、見張りのペンギンがいるのだ。仮に小山の見張りが一羽もいなくなったとしても、ゴミ捨て場に誰かいればすぐに駆けつけられるので問題ないと思っているようだ。

アデア岬の営巣地では、ビーチの小石は玄武岩質なので、当然、黒っぽい色をしている。黒い石は熱をよく吸収するので、晴れている時に太陽の高度が上がると、その上の雪が溶けやすい。

長い間、ペンギンたちは巣に留まっていて、周囲にある雪を食べて何とか喉の渇きを癒やしている。しかし、雪が消えるとそれもできなくなり、明らかに苦しそうだ。腹ばいになってクチバシを開いて、その間から舌を出している（図31）。しばらくすると、雄たちは少し歩いてまだわずかに

図31. 巣の上のペンギン

残る雪溜まりまで行き、渇きを癒やすことができる。だが、雌たちは、中にはひどく苦しそうな者もいるが、辛抱強くその場に留まり続けるのだ。営巣地の中ほどにいる巣を持つ雄たちは、長い旅をしなければ雪溜まりにはたどり着かない。ペンギンたちに人気だったのは、私たちの小屋の風下にできていた雪溜まりだ。一日中絶えることなくペンギンたちは次々にそこにやって来て貪るように雪を食べる。相当な量の雪をクチバシの中に入れ、それを巣に残っている雌のために持ち帰る雄がいたという話もある。雌は雄が持ち帰った雪を食べたらしい。

一九〇八年にロイズ岬にいたプリーストリー氏から聞いた話だ。雌に雄が雪を持ち帰るのを見たと彼は言っている。ヒナのために雪を持ち帰るというのなら、それは親としての本能なのでよくわかる。しかし、雌のためとなると別の話だ。雄のペンギンは、雌も喉が渇いていて、雪を欲しがっているのだと認識しているのだ。その認識を雌から離れても持ち続けていることになる。ただし、こういうことはめったに起きない。例外的な出来事であることは覚えておくべきだろう。

それまでに経験したことのない新しい状況に置かれると、ペンギンたちはまったくそれを理解できないようだ。

たとえば、私たちは、小屋から四五メートルほどの場所に気象観測のための幕を張り、ブリザードの中でもそこまで歩けるよう、小屋と幕の間に誘導ロープを張った。ロープを支えているのは、地面に刺した杭である。ただ、一ケ所、ロープが地面につきそうなほど垂れ下がっているところがあった。すると、小屋のそばを通りかかったペンギンが決まってそのロープの下を腹ばいになってくぐり抜けようとして失敗し、動けなくなるのだ。どのペンギンも同じように、その馬鹿げた失敗をする。まずは、ロープを強く押してみるのだが、うまくいかないとわかると、数歩後ろに下がってからまた同じことをする。それを数回繰り返すのだ。ほんの一メートル移動するだけで、簡単にくぐれるくらいロープが高くなっている場所があるのに移動はせず、九〇パーセントのペンギンがあきらめて回れ右をし、ロープの反対側から小屋を迂回する。ロープの側には謎の障壁があって、決して通ることができないと思っているようだった。ペンギンのその行動を眺めるのを私たちは楽しみにしていた。しばらくの間は、毎日、一日中、同じことが繰り返されていたからだ。

ペンギンの卵は、人間にとっても贅沢品と言ってもいいくらい良い食べ物で、特に南極の厳しい環境で生きる上では有用なものだった。私たちは多数のペンギンの卵を採取して、安全な場所に冷凍保存していた。ペンギンの卵を集める時はバケツを持って、小山を歩き回った。巣と巣の間の狭い隙間に足を置く必要があるので、常にゆっくり慎重に歩く必要がある。歩いていると、ペンギンたちが激しく脚をつついてくる。たとえ私たちがどこにいても、ペンギンたちが巣にいたままつつけるからだ。しかも、すぐそばにはつがいの相手がいて、私たちを攻撃してくることも多い。翼で何度も何度も叩いてくる。まるで機関銃のような速さでの攻撃だ。

卵を探すには、巣にいる雌をいったん持ち上げて、下を見る必要がある。雌の前や横から手を出せば、痛い目に遭うことになるし、身体を持ち上げるのは非常に難しくなる。当然、伸ばした私たちの手を鋭いクチバシで力いっぱいつついてくるからだ。最も良いのは、まず、一方の手で雌の前に毛皮の手袋をちらつかせ、雌がクチバシで手袋を挟んだら、もう一方の手を雌の後ろに回し、身体を巣から少し持ち上げながら、同時に優しく前の方に押す、という方法である。そうすると、すぐに雌は手袋を離し、クチバシを地面に突き刺して、身体を必死に元の位置に戻そうと押し返してくる。後ろから押されている間、雌はクチバシを地面に突き刺し続けるので、私たちは攻撃を受けることなく簡単に卵を奪うことができる。

卵を奪われた雌はしばらく静かに動かずにいるが、すぐに立ち上がって、自分の下にあるはずの卵を探す。卵がなくなっているとわかると、怒りのためか羽毛を逆立たせ、身を震わせ、周囲を見回して泥棒を探す。ただ、私たちが犯人だとはわからないようだった。それは、アデリーペンギンの私たちに対する典型的な態度だった。私たち人間はアデリーペンギンにとって理解を超えた存在のようで、私たちに対する恐れや、怒り、好奇心などが態度に現れることもよくあったが、それはほんの束の間でしかなかった。卵を盗まれた雌もすぐにその出来事を完全に忘れたかのように、巣の中でまた元の姿勢を取り始めた。ただし、別のペンギンがそばに立ったりすると、激しく攻撃する。そのため、バケツに卵を集めていく私たちが通った後ろでは、いくつもの諍いが起きたりもする。とはいえ、その争いも長くは続かない。まもなく、何もかもが普通の状態へと戻る。おそらく一分くらいで、事件はすべて忘れ去られたのだろう。ペンギンたちは、人間が南極探検をする時の生き方の手本を示してくれた。結局、起きてしまったことは元には戻らないのだ、嘆いてもしかたがない、ペンギンたちはそう言っているように見えた。

ペンギンの卵の大きさがどのくらいなのかがよくわかる写真も撮った。九五個の卵の重さを量ってみたら、その平均は、一三〇グラムほどだった。大きさは、長さがだいたい六・四五センチメートルから七・二センチメートル、幅はだいたい五・〇センチメートルから五・五センチメートルだった。両端はどちらも同じように丸みを帯びていて、色は白、外側は石灰のような質感で、内側は少

図 32. 二つの卵の配置がわかる

し緑色を帯びている。この緑色は、光に透かして見るとよくわかる。

親鳥は二つの卵を産むと、その上に座る。二つの卵は親鳥の下で前後に並ぶ。一方が前、もう一方が後ろだ。後ろの卵は、広げられた足の上にのせられ、前の卵は地面に置かれる。前の卵は座った親鳥の腹に覆われることになる（図32）。多くのアデリーペンギンを見ていてわかるのは、とにかく地面に穴を掘りたがるということだ。特に、海岸の一部に見られる小石の多い柔らかな岩礁を掘るのが好きらしい。一見、巣に使う小石を得るために掘っているようだが、明らかに必要以上に深く掘っていることがあるし、自分の掘った穴にしばらくの間、うずくまっていることもある。私は、ペンギンたちが雪溜まりでも同じことをしているのに気づいた。最初はそこに巣を作ろうとしているのだろうと思っていたが、そうではなかった。中には、巣を作るのには理想的だろうと思える場所もあったのだが、ペンギンたちはそこには決して巣を作らなかった。

一一月七日、この時点ではまだ卵のない巣も多かったが、すでに二つの卵が産まれている巣も数多くあった。そうなると、卵の親たちは忙しく動き始める。食べ物を手に入れるため、雄と雌は交替で五〇〇メートルほど離れた海まで行くのだ。営巣地の様相は次第に変化していく。その時まで、ペンギンたちの巣の近辺の地面は全体に鮮やかな緑色に染まっていた。断食状態のペンギンたちが、絶えず、胆汁の混じった液体を地面に吐いていたからだ（ペンギンの胆汁は鮮やかな緑色をしている）。その液体には、わずかな上皮細胞と塩の他は固形物はまったくと言っていいほど含まれていない。

そのペンギンの排泄物は、巣にはかかっていない。巣とその外側三〇センチメートルくらいまでの範囲には吐かれていないのだ。そのため、巣はどれも鮮やかな緑の花びらを持つ花のようにも見えた。それがよくわかる写真も何枚か撮った。特に図30の写真がそうだ。卵が孵化してヒナが産まれ、親鳥たちがそのヒナを温めるようになっても、緑の花は残る。親鳥たちは、頭が後半身よりも下になるような姿勢でヒナを温めるので、尻の部分が露わになる。そこから出る排泄物が加わるからだ。緑色の花びらには少しずつ装飾が加わっていく。親鳥たちが餌を食べるようになるからだ。そのせいで、緑色だった地面は鮮やかな赤色をした典型的なグアノへと変わっていく。この赤は、ペンギンたちが食べるエビに似た海の生物、オキアミの色だ。営巣地全体の色はほんの数日で一変する。もちろん、最初にそれがわかるのは、小山の中でも最初に巣ができ始めた場所だ。その場所には今や平和が訪れ、ヒナが成長するまでの間は、ペンギンのごく普通の家族生活が営まれることになる。

このように安定した家族生活が始まると、ペンギンの群れの中にはある程度の法と秩序が生まれるらしい。私は、子育ての始まった小山を観察していて、ペンギンたちにその法や秩序を維持しようとする意思があることを感じ取った。その証拠となるような驚くべき出来事を一つ紹介しよう。一九一一年一一月二四日のメモからの引用だ。

「今日の午後、私は激しく戦う二羽の雄（おそらく雄だ）を見た。戦いは三分ほども続いた。クチバシと翼による戦いで、一方の雄は特にクチバシの使い方がうまく、何度も相手の目のすぐ後ろをクチバシで挟んでいた。しかも同時に翼でも相手を叩くのだ」

「何分かの戦いの間には、何度かどちらかが地面に倒れ込むことがあった。ただ戦いがある程度の時間続くと、近くから三、四羽のペンギンたちが駆け寄って来た。明らかに戦いを止めようとしている。そうとしか私には考えられなかった。ともかく何度も繰り返し、戦っている二羽が組み合う度に駆け寄り、二羽の間に自分の胸を押入れようとする。自分自身が戦おうという意思を持っていないこともよくわかった。とても落ち着いているし、羽毛も逆立てていない。戦っている二羽のいかにも怒っているという態度とは好対照だった」

「戦いが始まったのは、巣が多く集まる小山からは少し外れた場所だ。そして、すぐに完全に皆からは離れた場所へと移動した。私（そして私に同行していたキャンベル）が、戦いを止めようとしている別のペンギンに気づいたのはその場所でだった。両者とも死力を尽くして戦い最後には非常に激しい凄惨な戦いになったが、結局は一方がトボガンで逃げて行くことになった。だが、あまりに疲れていて速度が出ない。群れに戻るとまた戦いの相手に捕まってしまい、さらに数秒戦うことになったが、勝っているように見えた側が急に戦いをやめて去って行った。もう一方も態勢を立て直すと、巣が数多く並ぶ場所を急いで通って行った。どうやら探している巣があったらしい」

「あとをついて行くと、戦いが始まった場所のすぐそばにある巣にたどり着いた。その巣の脇では、一羽のペンギンが待っていた。見たところまだ新しい、未完成の巣だ。卵もない。私がつけて来た雄は、戦いに打ちのめされ、羽毛もまだ逆立ったままだったが、ようやく待ってくれている相手のところまで来られたのだ。二羽は恍惚のポーズを取り始め、他のつがいと同じように交互に鳴いた。それが三〇秒ほど続いた。その後はどちらも静かになった。二羽が仲良く小石の位置を調整させ始めたところで私はその場を去った」

「この出来事は、最初はよくある雌をめぐる雄の戦いだったが、途中から別のペンギンが仲裁に入るのを見たのはこの時がはじめてだった。あれは仲裁だったと私は確信しているし、キャンベルもその点に賛同してくれた。その周囲の巣すべてにすでに卵があり、抱卵が始まっていた。問題のつがいは新顔だったに違いない」

帰国してから、サザンクロス遠征でアデア岬に上陸したベルナッチ氏も、やはり戦いの仲裁をするペンギンを見たと言っているのを知り、嬉しかった。

風が吹かずに雪だけ降ることが何度が続き、しかもすでに書いた通り、黒い岩が多いところに日光が当たったことから、営巣地には、半解けの雪が溜まった場所が数多くできた。また、土地が低くなっている箇所はほぼ洪水のような状態になっていた。そういう低い土地にもうっかり巣を作っていたペンギンは何羽かいて、特に私たちの小屋の近くの小さなコロニーは、水のせいで全滅の危機に陥っていた。水は高い土地から少しずつ流れ込んで来る。その中で、洪水状態の土地にいたペンギンたちは、その災難から逃れるべく全力を尽くした。どの巣からも一羽が出て、小石を集めに行く。もう一羽が待っている巣に小石を持ち帰り、次々に巣の周りに積んでいく。ペンギンたちの小さな城とも言うべき巣の周囲の水位は徐々に上がっていたが、小石を高く積み上げることで、卵を乾いた状態に保とうとしていたのだ。石を三〇センチメートルほどの高さにまで積み上げたおかげで、水が侵入せず、中の地面が乾いたまま維持された巣もあった。雌はその間、ずっと巣の中でうずくまったままで、雄の方が、これから来るであろう災難に備えるべく活発に動き回っていた。その活動は数時間続いたが、石を求めて行き来する際には、毎回、小さな湖を歩いて渡る必要があった。

その様子を撮影したのが図33の写真である。写真の右下には、巣に石を運んで来た雄と、それを

図 33. 洪水

図 34. 浸水

受け取る雌がいる。周囲が完全に水で囲まれてしまったような巣もいくつかある。図34の写真には、そういう巣が写っている。巣は雪解け水に浮かぶ小島のようになっていて、卵は水よりもほんの少しだけ上にある。

弱くてせっかく集めた石を盗まれてしまう個体がいるということはすでに書いた。こういう洪水の状況では、それがさらに顕著になる。実際、石のほとんどを隣人たちに盗まれてしまった巣も見た。

ここでまた私のメモから引用してみよう。

「一二月一〇日、夕方だったが、二個の卵のある巣の上に座ろうとしている雌を見た。その巣には小石がまったくなく、雪解け水が大量に入り込んでしまっていた。卵はほぼ全体が水に浸かっている。哀れな雌は、水の中に立ち、卵の上にしゃがみ込もうとするのだが、その度に水の中でしゃがむことになり、すぐに立ち上がってしまう。雌は寒さで震えている。身体はずぶ濡れになっている」

「私は二つの卵を巣から取り出し、ブラウニングとともに、大量の石を（特に多くの石を持っている隣人たちの巣から）集めてきた。そして、水面よりもかなり高い巣を築き、その中に卵を移した。雌は喜んですぐにその上にしゃがみ込んだ。自分の位置が決まると、雌は自分の周囲の新たな石の配置をあれこれ微調整し始めた。それを見届けて私たちはその場を去った」

それから季節が大きく進んだある日、私は二羽のペンギンの間で激しい諍いが起きているのを見た。そのうちの一羽は、どうやら他から少し孤立した場所にある巣の持ち主らしい。もう一方は、その巣を奪い取ろうとしているようだった。持ち主が少しでも巣を離れると、代わりに巣の中に立つからだ。巣にはほとんど石がなく、卵が一個だけあった。私は戦いの様子から、二羽はどちらも雄だと思った。

私がこの出来事に特に注目したのは二つの理由からだ。一つ目は、私がこれまでに見てきた中で、これほど長く続き、これほど激しい戦いはなかったということ。二つ目は、巣が孤立した場所にあり、この場所だとどちらかが自分の巣を間違える可能性は低いということ。だが、どうやら、原因はどちらかがそれを自分の巣だと勘違いしたことのようだった。その日、戦いは何度も何度も繰り返し行われた。

戦いは一度につき数分続き、毎回どちらも疲れ切って、喘ぎながら地面に倒れ込んでしまう。喉が渇いてもいるはずだ。ペンギンの持久力はそのくらいのものなのだろう。一方が巣を占領したかに見える時もあるが、しばらくするともう一方が奪い返している。だが、それが数時間続くうちに、一方が明らかにもう一方より優勢になり、巣を占領する時間が長くなっていく。ただ、不利になった方もあきらめることなく、長い間、繰り返し攻撃をしかける。

私はカメラを持ち出し、戦っている二羽を撮影した（図35）。時が経つにつれ、不利な方の個体が戦い後の体力の回復にかかる時間が長くなっていく。横たわって頭を雪の上にのせ、目を半分閉じている姿を見て、私は、このペンギンはもうすぐ死ぬのかもしれないと思った。ペンギンは立ち上がる度によろめきながら敵の方へと向かう。もう一方のペンギンは巣の中で立ち上がって対峙し、向かって来た敵をまた追い払う。午後一〇時に見た時は（一日中、日が沈まない季節だ）、二羽とも寝ていた。勝者は巣の中で、敗者は五メートルほど離れた場所で。翌日また見ると、一方が引き続き巣の中にいて、もう一方は姿を消していた。消えたペンギンがどうなったのかはわからない。

営巣地を歩き回ってみると、巣として選ばれた場所が実に様々であることがわかる。多くは、丸みを帯びた小山の上に、固まって（巣と巣の間の距離はだいたい三〇センチメートルから六〇センチメートルくらいだ）巣を作り、低い土地に巣を作る者はあまりいない。

最も巣の密度が高いのは、崖のすぐ下の石の多い斜面だ。そこに多く転がっている石は、主に崖

図 35. ペンギンたちは一日中戦いの連続となる。

が風化して崩れたことでできた破片である。風化は今も続いているので、石は時間が経つにつれ、次第に増えて行く。他の箇所でも触れる通り、毎年、多くのペンギンたちが落ちてきた石に当たって死んでいる。そんな危険な場所でわざわざ巣を作るのは、崖が東南東の強風の盾になってくれるからだ。崖の上の方に巣を作るのも同じ理由からだろう。しかし、さすがに途方もない場所なので、単にペンギンは山登りが好きなのでは、と思いたくもなる。崖の上の巣の中には、持ち主にとってすら近づくのが難しいものがある。巣に向かう途中、雪が積もって光っている斜面で滑ってしまい、何度も後戻りをさせられてからようやくたどり着く。そういう光景も見た。斜面が垂直に近いほどになっていて、足場から足場へ跳んで移動しないとたどり着けない巣もある。

極端に高い場所でも、やはりペンギンたちが多数集まっていることに変わりはない。ただ、他と多少、離れたがっている者もいるらしく、巣と巣の距離は他よりも少し空いている。同じような傾向は海岸沿いの巣にも見られる。他から少し離れた場所に石を積み上げて作った巣が見つかるのだ。一九一一年、ロイズ岬を訪れた時には、「ブラック・サンド・ビーチ」と呼ばれる入り江に孤立した巣を作っているつがいを見た。営巣地からは一キロメートル弱離れた場所だ。ただし、このように孤立した巣は非常に珍しく、アデリーペンギンの通常の習性からは逸脱している。

アデア岬の営巣地辺りには、高さ六〇センチメートルから九〇センチメートルほどにもなる大きな岩が転がっている場所がいくつかある。上まで登れる場合には、その岩の上に巣を作るつがいも

図 36. 岩の上の巣

いる（図36）。強風が吹いた時にその巣をどうやって維持しているのかは謎である。しかし、その城の持ち主はきっと誇りを持ってそこにいるのだろう。高いところにいるのが明らかに嬉しそうである。一八九四年にそこで越冬した遠征隊が残した古い荷物箱に巣を作っているペンギンもいた。また、海岸で死んだアザラシの風化した骨の中に巣を作っているペンギンも何羽かいた。ペンギンたちは細心の注意を払って乾いた土地を巣の場所に選んだはずである。あとで雪が解け始めたとしても、水が入って来ない場所を選んでいるはずだ。ところが、雌の中には、その正反対のことをする者がいる。何と愚かにも、あとで間違いなく水に浸かってしまうはずのくぼみを巣の場所に選んでしまう者がいるのだ。そういう愚かな雌は当然のことながら

図 37. 大きさの違う石で出来た巣

子供を育てられない。愚かな者が排除され、次世代には賢い者だけが残るので集団全体にとっては良いことなのだろう。ただし、一度失敗した者も経験によって学習し、翌年はもっと良い場所を選ぶようになるかもしれない。

コロニーの中には、巣が整然と秩序正しく並んでいて、繁殖期の後半になると、非常に平和になるところもある――むしろそういうコロニーの方が多いと言っていいだろう。しかし、そういう「質の良い」コロニーばかりではない。特に私たちの小屋のそばのコロニーは、言葉は悪いがスラムのようだった。そのコロニーでは、繁殖期の間、ずっと諍いが絶えなかった。他のどのコロニーより諍いが多かったのだ。あまりにひどかったので、私たちはそのコロニーを「ケーシーズ・コート」と呼んでいた。結局、その呼び名はずっと変わることがなかった。

そのコロニーの巣は、石が他のコロニーよりも少なく、作りは雑だった。卵が産まれ始めてからも、親鳥たちが絶えず戦っているために、せっかくの卵が巣からこぼれ出たり、壊れたりすることが多かった。当然、ヒナの数も少なくなる。ヒナの死亡率も非常に高く、一〇〇個ほどの巣から成るコロニーで、成鳥にまで育つヒナはせいぜい四〇羽か五〇羽だったと思う。なぜこのようなことになったのか。その理由はおそらく、私たちの小屋の周辺が、ちょうど営巣地と海の間を行き来するペンギンたちの通り道にあたっていたからだと思う。常に多くのペンギンが「ケーシーズ・コート」を通り抜けていくため、住民たちの神経は疲れ、それで秩序が乱れていたのではないかと私は考えている。さらにそこには、雪解け水でできた大きな池もあり、地面がぬかるんでいる場所も多かった。いつも泥まみれで見苦しい住民も多くいた。

絶食期間には、どのペンギンも海に入ることがまったくないので、泥だらけで非常にむさ苦しい姿になる者も多い。その姿を見ていると、どれだけ酷い生活を送っているのかと思ってしまうが、やがて頻繁に海に入る時期になると、すぐに元の染み一つない美しい姿に戻る。

氷脚から氷のない海までは、一キロメートル弱くらいの距離があり、その間の海氷の上では、何千というペンギンが盛んに行き来する様子が見られる。営巣地から海へと向かうペンギンたちは総じて泥まみれの汚れた姿をしている。しかし、海で泳ぎ、大喜びでごちそうを食べた帰りには、すっかり身綺麗になっている。そうして行き来するペンギンは興味深く、学ぶものも多かったので、一日中眺めていることもあった。

すでに書いた通り、アデリーペンギンのつがいは交替で海に向かう。一方が海に行く時、もう一方は巣に残って卵を抱き、守る。

巣から離れたペンギンはまず氷脚へと降り、さらに海氷へと降りる。ただし通常、海に入る前には、十分な数の仲間が集まり、ある程度の規模の集団ができるまで待つ。おそらく最高の気分なのだろう。ペンギンたちは仲間どうし大声を出して浮かれ騒ぐ。ふざけて追いかけっこをする者や、仲良さそうに翼で軽く叩き合う者もいる。

水際まで来ると、ほぼいつも同じ儀式が行われる。どうやら、その場にいるペンギンたち全員の目的は、自分以外のどれか一羽を先に海に飛び込ませることらしい。ペンギンたちは、氷の縁の本当のへりに皆、集まり、そばにいる者を押そうとしたり、押されそうになるところを身をかわしたりする。前にいる者が後ろから押されてもう少しで海に落ちそうになるが、どうにか持ちこたえ、急いで後ろに回ることがある。そうして立場を逆転しようとするわけだ。そうするうちに、ついに一羽が押されて海に入る。海に入ったペンギンは水中で素早く身体を回転させ、すぐに氷の上に戻る。海から氷に飛び上がる様は、瓶から抜けるコルク栓のようだ。そして、またしばらくの間、押し合いへし合いが続く。まるでゲームを楽しんでいるようにも見える。どのペンギンもとにかく、

図 38.「一羽また一羽と他の者も順にあとを追っていく」

他のペンギンたちより先には海に入りたくないようだ。この状態は数分から、長い時は一時間近くも続くことがある。そして、突然、全員が態度を変える時が来る。まず一羽が全速力で氷の縁を走り始める。他の者たちもすぐあとをついて走り、ついには先頭の一羽が頭から海に飛び込む。他の者も順にあとを追っていく（図38）。全員が最初の一羽と同じ場所から次々に飛び込むので、一本の瓶から何度も水が吹き出しているようにも見える。この場面は写真に撮ることができた。

皆が飛び込んでしまうと一度、完全な静寂が訪れる。そして、二〇メートルか三〇メートル離れたところで、ペンギンたちは一斉に水面まで上がって来るのだ。そのあとは、水中で回転したり、水面から飛び上がったりする。汚れていた身体はすっかり綺麗になっている。人間の子供たちが水遊びをし、じゃれ合っている時と同じような声が聞こえる。はじめてその光景を見た時には、本当に驚いた。そこでじゃれ合っている小さな生き物たちが人間ではなく、鳥なのだということがどうしても信じられなかったのだ。はじめは気が進まないようだったのに、一度、水に入ってしまえばもう、どう見ても皆が全身で水の中にいるのを楽しんでいるようだった。そうなると数時間は上がって来ない。

思っていた通り、ペンギンたちは、海との行き来に相当な時間を費やす。特に、海氷がまだ氷脚から離れていない早い時期には時間がかかる。大変な距離を歩かなければ、海が凍っていない場所に着かないからだ。

ペンギンたちの一団は、海に入ってすっかり綺麗になった身体で営巣地に戻って来る。白い胸も、黒い背中も、日光が当たると少し金属のような光沢を帯びる。海からの帰途には、反対に巣から海へと向かう途中の汚れたみすぼらしい姿の仲間たちに出合うことになる。綺麗なペンギンと汚れたペンギンが出合った時には、双方が立ち止まり、しばらくの間、言葉を交わすことが多い。私たちと同じような言語を使って話しているわけではないのかもしれないが、そういうふうに見えるのだ。二羽一組か、あるいは三羽か四羽が固まって立ち、友好的な雰囲気で声を出し合っているからだ。ペンギンたちが社交性のある生き物であることだけは間違いなさそうだ。出合えたことを喜び合っているようだし、まるで人間のように「家のことをせずにしばらく出かけていて悪かったな」と言っているように見える者もいる。これから帰る巣には、きっと間もなく解放されて海に行けるつがいの相手が待っているのだろう。

しばらく言葉を交わし合っていたペンギンたちの集団は、やがて二つに分かれ、それぞれの方向へと歩み始めることになる。綺麗な姿の集団は、営巣地に向かって行くし、汚れた身体の集団は海に向かって行く。ただし、すでに海に入って食事もし、巣に戻る途中だったはずのペンギンたちのごく一部が、方向転換して海に向かう集団について行くことがある。もう一度、海に戻って、また何時間か仲間たちとじゃれ合って過ごすのである。

困ったことのようだが、このペンギンたちのために言っておきたいのは、こうして海で気ままに過ごす数時間が、繁殖期間の大変な時期を過ごすペンギンたちにとって非常に重要だということだ。また、海のそばの海氷の上で遊びながら過ごす時間もペンギンたちには貴重である。ペンギンたちは、地上の営巣地にいる時に、決して遊んだりはしない。遊べるのは海氷や氷脚の上、あるいは海の中だけだ。ここでもう一つ、ペンギンたちのお気に入りの遊びを紹介しておきたい。営巣地付近の海では、潮の流れの速さが六ノットから七ノット〔時速約一一キロメートルから一三キロメートル〕くらいになっている。小さな浮氷塊はまさにその速度で海上を流れて行く。この浮氷塊が氷脚のすぐそばに流れ着くと、ペンギンたちは一斉に乗るのだ。時にはもうこれ以上乗れない、というほど多くのペンギンが乗ることもある〔図39〕。私たちはそれをペンギンたちの「遊覧船」と呼ん

図 39 ペンギンたちの遊覧船

でいた。この遊覧船は、多くのペンギンたちを乗せたまま、氷脚の端から端まで流れて行く。そして、やはりペンギンが多く集まっている氷脚の端付近に来ると、上のペンギンたちはそちらに向かって叫び始めるのだ（図40）。氷脚の上のペンギンたちもそれに応えるように叫ぶ。そのため、浮氷塊が通り過ぎる際には一時的に大騒ぎになる。実に楽しそうに見える。

浮氷塊が一キロメートルほども流されると、さすがに乗っているペンギンたちはそろそろその遊覧船から降りなくてはいけなくなる。皆、やむを得ず、海に飛び込んで潮の流れに逆らって泳ぎ、再び元の位置へと戻って来る。そして、また別の浮氷塊が流れて来たら、またその上に乗るのだ。そのように、時にペンギンたちを限界まで満載した浮氷塊が営巣地の端から端まで流れて行く様子は一日中見ることができる。氷脚の上に、浮氷塊に乗るのを躊躇しているペンギンがいると、すでに浮氷塊の上にいるペンギンたちは、こちらに早く来いと促しているかのように声を上げる。その声に応えてか、躊躇していた者たちが急に海に飛び込み、泳いで浮氷塊に到達して仲間たちに合流することもある。浮氷の片側に一度に多くのペンギンが乗ったことで、反対側にいたペンギンたちが押し出されて海に落ちるのを見たこともある。

水の中から急に飛び出して氷の上に乗ったペンギンが、口に大きめの石をくわえていたこともある。海底で拾って来たものに違いない。これには驚いた。そのあたりの水深は少なくとも一八メートルにはなるからだ。ペンギンは取って来た石を氷の上に落とすと、またすぐに海の中に潜って

図40. 氷脚上に集まったペンギンたち

行った。特に目的があるわけではなく、ただ、わざわざ海の中で石を拾うことを楽しんでいるようだ。J・H・ガーニーがカツオドリの本を書いているが、それによると、カツオドリは水深五〇メートルくらいに沈めた漁網にかかってしまうことがあるという。三〇メートルくらいの深さにまで潜っているのは確実らしい。それを考えると、ペンギンがこのくらいの深さに潜るのはさほど驚くことでもないのかもしれない。

ペンギンたちが泳いでいるあたりの開水域では、海流の速度が六ノットくらいにはなっているが、それでもアデリーペンギンたちは、水面近くでさえ平気でその波に逆らって泳いでいる。

陸上と同じく、水中でもペンギンたちは二種類の方法で前進する。一つは、カモのような泳ぎ方での前進である。ただし、アヒルよりもはるかに身体の位置は下になる。背中まで水に浸かるからだ。首から上だけを水から出して泳ぐ。アデリーペンギンの水かきは非常に小さいため、カモやカモメとは違い、泳ぎにはあまり役立たない。その代わり、フリッパーを素早く動かす。フリッパーをうまく活かせるのは、身体を深く水の中に沈めているからだ。

もう一つは、イルカのような泳ぎ方での前進だ。

水の中に潜り、フリッパーを動かして推進力を得る。その動きは、他の鳥たちが空を飛ぶ時の翼の動きと基本的に同じだ。ただし、ペンギンの翼は、見事に泳ぐのに適した形に進化している。極めて強力な胸筋によって大変なスピードを出すことができる。しかも、動きは魚のように機敏で方向転換も瞬時にできる。この泳ぎ方では、だいたい一〇メートルくらい水中で前進すると、上昇を始める。勢いがついているペンギンの身体は水から完全に飛び出し、二メートルくらいは空中を飛ぶことになる。そこでペンギンは背中を曲げて頭から再び水の中に潜る。そしてまたしばらく水中で泳いだかと思うと、再び飛び出す。これを繰り返すわけだ。

その様子をとらえた写真があるので載せておこう（図42）。

何より驚くのは、アデリーペンギンが水の中から飛び出して氷の上に乗る時だ。その光景がよく見られるのは、氷脚から離れた海氷が多く浮かび始める季節である。その時期には、開水域から陸地の縁の氷崖に向かって波が打ち寄せるようになる。この小さな崖は、はじめのうちは水面から垂直にそそり立っているが、波の力で次第に下の方がえぐられて後退していく。最終的には二メートルくらい後退して、上の方の氷だけが水の上に浮いているようなかたちになる。その氷までの高さは、一メートルから二メートルくらいである。

水に飛び込む時も、また、水の中で狩りをしたり遊んだりする時にも、ペンギンたちは集団で行動することが多いのだが、単独で行動するペンギンも少なからずいる。集団で動いて食欲を満足させ、遊びにも満足すると、ペンギンたちは、氷脚から三〇～四〇メートル離れた場所まで泳いで行く。そこで皆、首を伸ばして、上陸できそうな場所に目を向ける。その後、ペンギンたちは一斉に水面下へと消える。波紋も見えないので、どちらに向かっているのかはまったくわからない。そし

図 41. 身体を平たくして海に飛び込むペンギン

図 42. イルカのように泳ぐペンギンたち

て、突然、何羽かが揃って、あるいは順に、水中から飛び出て、氷脚の上に乗るのだ（図43、44）。私は、水面から氷脚までの高さがどのくらいかを何度か計測してみたが、ペンギンたちは最高で一・五メートルほども跳躍していることがわかった。水から飛び出したのは、氷脚の端から一・二メートルくらい離れた地点である。しかも、ペンギンたちの跳躍は、水面からではなく、その下から始まっているのだ。

注目すべきなのは、どのペンギンも皆、どのタイミングでどのくらいの距離を跳べばいいのか、正確にわかっているということだ。水に潜る前のほんの短い時間に遠くから目的の地点を見るだけで、正確な判断を下している。しかも、水面下で氷脚に近づいている間、その判断を忘れずにいるわけだ。ペンギンたちが水に潜る前にすべての判断を完了していることは間違いない。水面にできる波紋から判断するに、ペンギンたちは潜ってからは一定の速度で泳いでいる。氷脚に近づいて来る間は、一度も上陸地点を見ることができない。しかも、ペンギンたちが乗ることになる氷の崖は、上の部分だけが一メートルも二メートルも飛び出していることが多い。にもかかわらず、ペンギンたちが距離を測り間違えて上陸に失敗する場面は一度も見なかった。

氷脚に近づく間、ペンギンたちは、水面から一メートル〜一・二メートルくらい下という一定の深さのところを泳ぎ続ける。そして、ある時点で突然、上に向かい始める。その時には身体を上に向かって曲げることになる。この時、尾は舵として使う。私の撮影した写真を見てもそれがよくわ

図43. 海から飛び上がって上陸するアデリーペンギン

図44. 水から飛び上がるアデリーペンギン（ジャンプの高さは1メートル20センチほど、長さは3メートルほどにもなる）

かる。水から出てちょうど空中にいる瞬間を写真に撮ることができた。それを見ると、尾が背中の方に向かって鋭く曲がっていることがわかる。

水中から氷の上に乗る時の様子を見ていると、ペンギンたちの判断がいかに素早いかがよくわかる。氷脚の表面に雪が積もっていて、足場が良い時には、足を前に出して、図43や44のように立った状態で上に乗る。しかし、氷脚の表面が滑りやすくなっている時には、図45のように身を倒すようにする。つまりトボガンの姿勢になるわけだ。

アデリーペンギンが水に飛び込む姿は美しい。海氷がなくなる前には、その姿を見ることができなかった。海氷の上にいれば、わずか数センチメートルのところが海なので、飛び込むというよりもただ水の中に落ちているような感じだった。しかし、氷脚の上から海に入らなくてはならない時期になると、美しい飛び込み姿を絶えず見ることができるようになった。

横幅一〇〇メートル、高さ二メートルほどの氷脚の縁からペンギンたちが飛び込むのをよく見た。海氷の上にいる時と同じく、大勢、縁の近くに集まる。そして、押し合ううちに中の一羽が水の中に落ちることになる。その様子を他のペンギンたちは首を伸ばして見る（図46）。落ちた一羽が安全でいることを確認すると、他のペンギンたちもあとに続いて水に入る。

水深の浅い場所に飛び込む場合、ペンギンたちは身体を平たくする（図47、48、49）。しかし、深い場所に飛び込む場合、あるいはある程度の高さから飛び込む場合には、角度をつけた美しい飛び

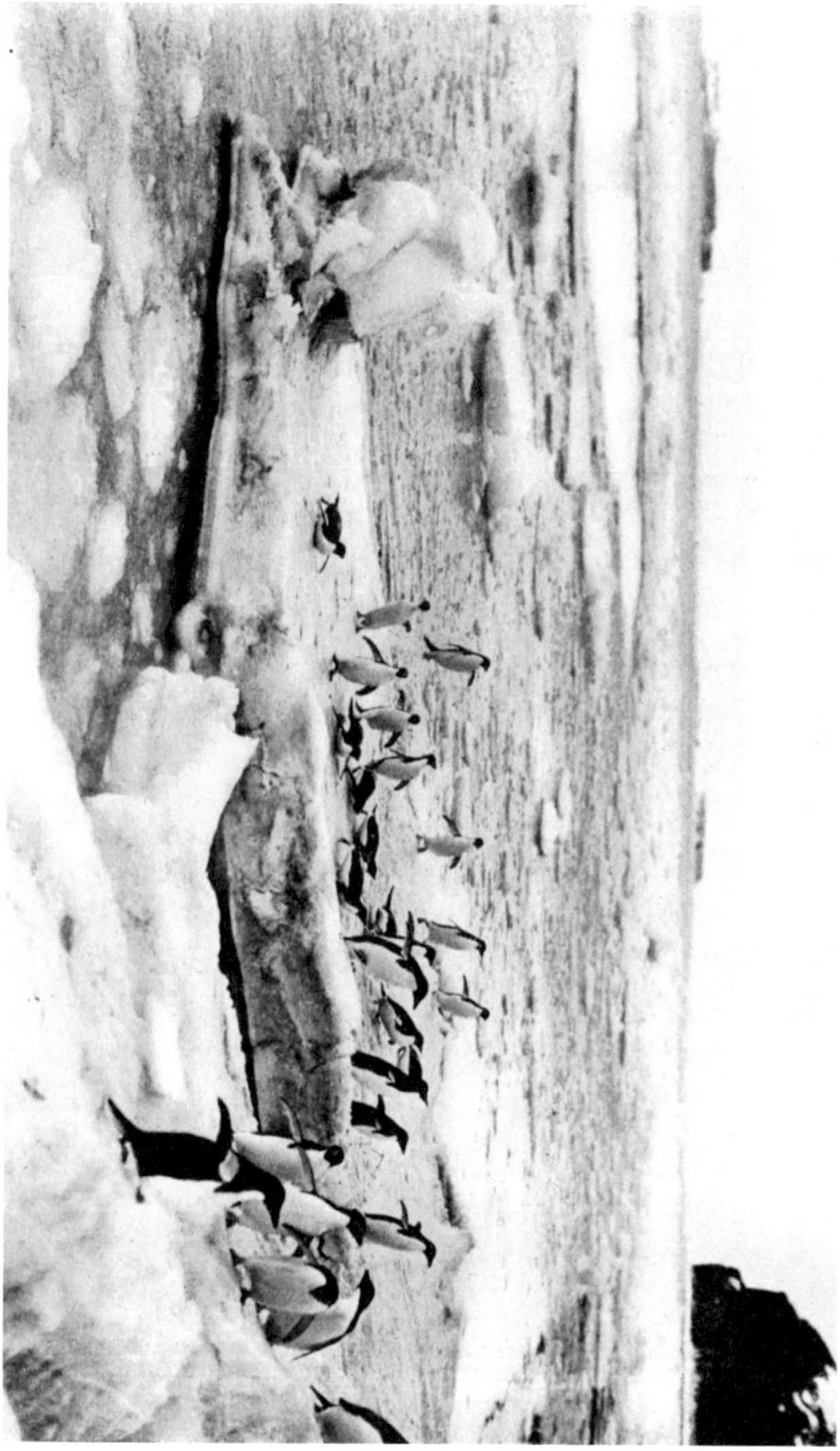

図45. 水の中からジャンプして滑りやすい氷の上に乗る

図 46.「仲間のうちの一羽を押して落としたあと、他のペンギンたちは皆、首を伸ばして下を見ていた」

図47. 浅い海には身体を平たくして飛び込む

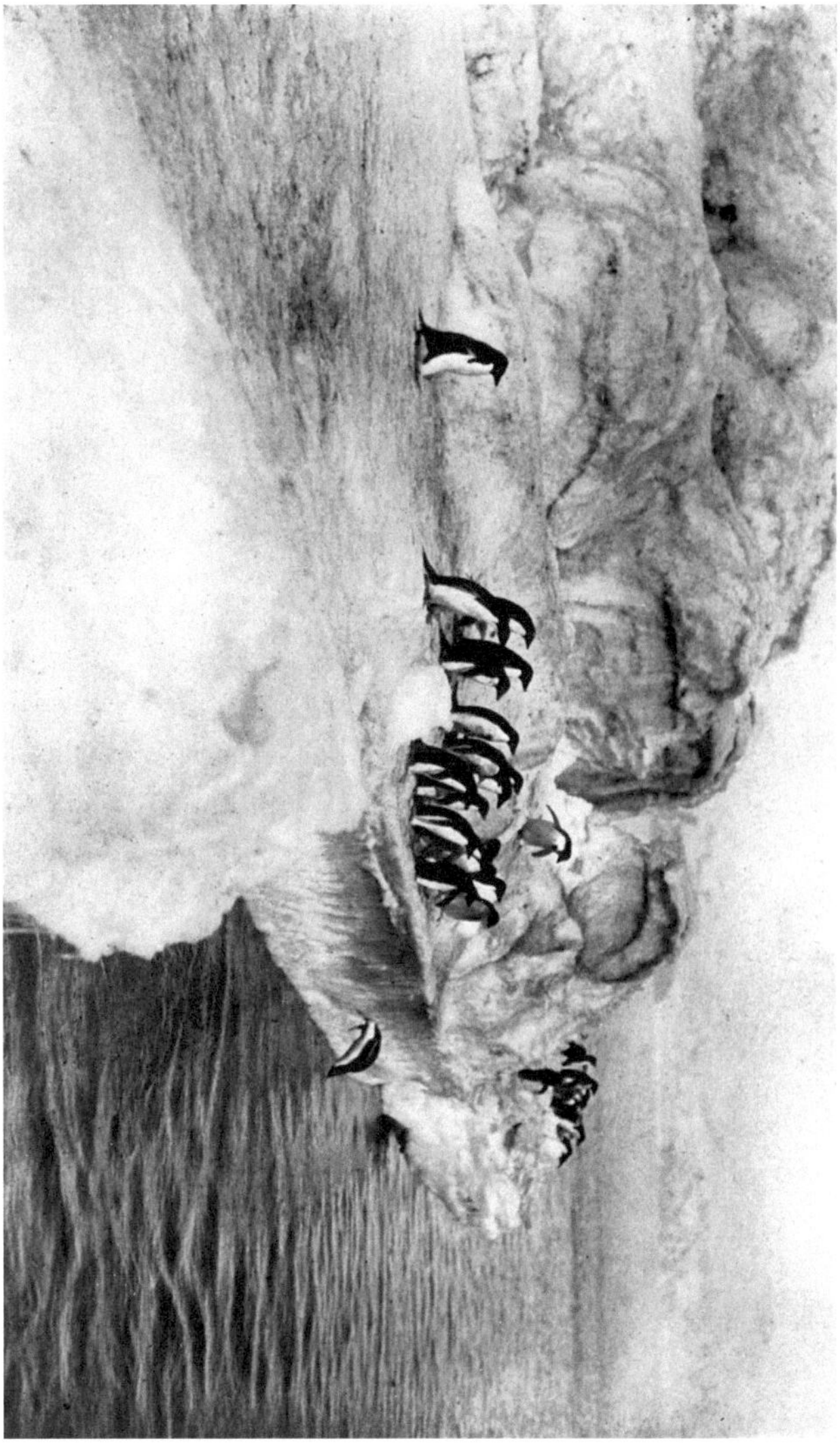

図48. 浅い海には身体を平たくして飛び込む

図49. 浅い海には身体を平たくして飛び込む

込みをする（図50）。この飛び込み方だとほとんど水しぶきが上がらない。六メートルくらいの高さの場所に立ち、飛び込むのをためらっているペンギンをよく目にするが、ほとんどの場合はそこからではなく、もっと低い位置に降りてから飛び込むことになる。しかし、三・五メートルくらいの位置から飛び込むことは特に珍しくない。

ペンギンたちがなぜ集団の中で最初に飛び込むのを嫌がるのか、その理由はあとでわかった。営巣地付近の海にはヒョウアザラシが数多くいて、ペンギンをよく捕食しているのだ。この恐ろしい動物の写真は何枚か撮ったので本書にも載せておく。ヒョウアザラシはよく、氷棚の縁の崖の下でペンギンを待ち伏せている。上の氷が突き出していると、ペンギンからは下の様子が見えないのだ（図51）。アザラシは頭だけを水の上に出し、アデリーペンギンが頭の上から落ちて来るのを静かに待つ。ペンギンが落ちてくれれば、すぐに近づいて行って、その頑丈な顎で噛みつく。噛みつかれたペンギンはもう逃げることができない。

このように、海に飛び込む前にペンギンたちがしばらく集団で揉み合っているのは、自分以外の誰かを先に海に入れて、安全を確認したいからなのだとは思うが、ペンギンたちの揉み合いからは深刻さは感じられない。一種のゲームのようで、少し楽しそうにすら見える。これはさほど驚くにはあたらないのだろう。何しろ、私がこれまで見てきた中で、アデリーペンギンほど勇敢な動物は他にいないからだ。見るほど好きになるし、その勇敢さへの敬意が高まる。集団の只中にヒョウア

図50. ペンギンの見事なダイブ

図51. ヒョウアザラシが突き出した崖の下で待ち伏せているが上にいるペンギンたちからは隠れて見えない。

ザラシが現れれば、当然、アデリーペンギンたちはうろたえるはずだ。だが、多数の敵が動き回っているはずの海に、ペンギンたちは意外に気軽に飛び込むのだ。もちろん、ヒョウアザラシが一頭でも目の前に姿を現せば、急いで逃げなくてはならないが、逃げ方には常に一定の秩序がある。どのペンギンも一斉にイルカのような泳ぎ方で猛スピードで逃げるのだが、その時、それぞれが違う方向に逃げていく。扇のように広がっていくのだ。決して皆が同じ方向に逃げるのではない。

私の見る限り、ヒョウアザラシは、アデリーペンギンよりも少し速く泳げるようだ。そのため、時々は追い駆けてくるアザラシに捕まってしまうペンギンがいる。速度ではかなわないとわかっていて、左右に次々に方向転換するなどして撹乱しようとするペンギンもいるし、中には、直径三、四メートルほどの円を描くように泳ぐペンギンもいる。それを一分以上も続けるのだ。大きくて重いアザラシよりも自分の方が小回りが利くことを知っているに違いない。しかし、そんなことを続けているとやがて疲れ切って動けなくなる。大きなヒョウアザラシは頭と顎を水面より上に出すと、疲れたペンギンに噛みつく。恐怖にかられた小さなペンギンは暴れ回る。繁殖期の後半によく見られる悲しい光景だ。

ヒョウアザラシは人間にとっても手強い相手なので近くにいる時には決して油断をしてはならない。私はキャンベルとともに、ノルウェー製のプラム〔小型ボート〕に乗ってよく狩りに出た。プラムなら、氷脚のそばを静かに行き来できる。ヒョウアザラシの頭が水面の上に出ているのを見つけると、私たちはライフルで撃つ。

ある日、私たちは印象的な体験をした。一頭のヒョウアザラシを撃ったのだが、それは雄で体長は三メートルほどもあった。死んだアザラシは水深一〇メートルほどの海底に向かって沈んで行った。私たちはそのアザラシから離れ、氷脚から一〇メートルほどの場所にまで移動した。すると、別の大きなアザラシが追いついてきた。死んだアザラシが沈んだ場所あたりから来たらしい。アザラシはプラムの下に入り込み、キール〔竜骨〕に身体をぶつけ始めた。いったんプラムの一〇メートルほど前に出たアザラシは、方向転換して真っ直ぐ私たちの方に向かって来た。そのままぶつかるのかと思ったが、寸前でアザラシは脇へよけた。水しぶきが上がって、私たちの身体が濡れただけだった。その後、アザラシは横向きになり、右のフリッパーで水面を叩き始めた。私たちの方に腹を向けて、頭を持ち上げようとする。私たちはオールでアザラシの身体を突き、ボートをアザラシから遠ざけようとした。それでボートは氷脚のすぐそばにまで移動した。三〇秒ほどあとにキャンベルはアザラシを撃った。だが、首の辺りに傷を負っただけだ。私たちがオールで突いたあと、アザラシは水の中に潜り、一〇メートルか一五メートルほど離れた地点でまた姿を現した。頭を水の上に出したのだ。キャンベルがアザラシを撃ったのはその時だった。その後、アザラシは何度か水面に姿を現したが、潮の流れに乗って遠ざかって行き、私たちはその姿を見失った。

ヒョウアザラシがボートに乗っている人間を襲うという話は聞いたことがなかったので、これも単に好奇心にかられての行動かもしれない。しかし、やはり私たちを攻撃しようとしたのではないかと考えられる理由はある。まず、私たちに撃たれて死んだアザラシのいたあたりから真っ直ぐにこちらに向かって来たことだ。それに、単に好奇心にかられたのだったら船のそばまで来ても私たちの方を見るくらいで済んだはずで、船に身体をぶつけるまでするとは考えにくい。通常、ヒョウアザラシの狩りをする時には、できるだけ静かにボートを動かす。ほんの少し音がするだけでも、アザラシが脅えて逃げてしまうからだ。

私たちの友人とも言えるペンギンたちを守るには、ヒョウアザラシをできる限り多く撃った方がいいのだろうが、何しろ数が多いので、私たちが少しくらい撃ったところでさほど変わるとも思えない。

ヒョウアザラシがアデリーペンギンにとってどのくらいの脅威なのかは、撃ったアザラシを解体してみるとよくわかる。あるアザラシの胃の中からは、なんとそれぞれに消化の段階が異なるペンギンが一八羽も出て来た。また、アザラシの腸の中には、ペンギンの身体が分解されてあとに残った羽毛が詰まっていた。図52、53、54は、ヒョウアザラシの写真だ。

ヒョウアザラシの存在に気づくと、アデリーペンギンたちは混乱に陥り、イルカのような泳ぎで一気に何百メートルも移動する。しかし、敵のそばから遠く離れると、すぐにその存在を忘れたようになる。もはや何も心配することなどない、と言わんばかりの行動を取り始めるのだ。ただし、

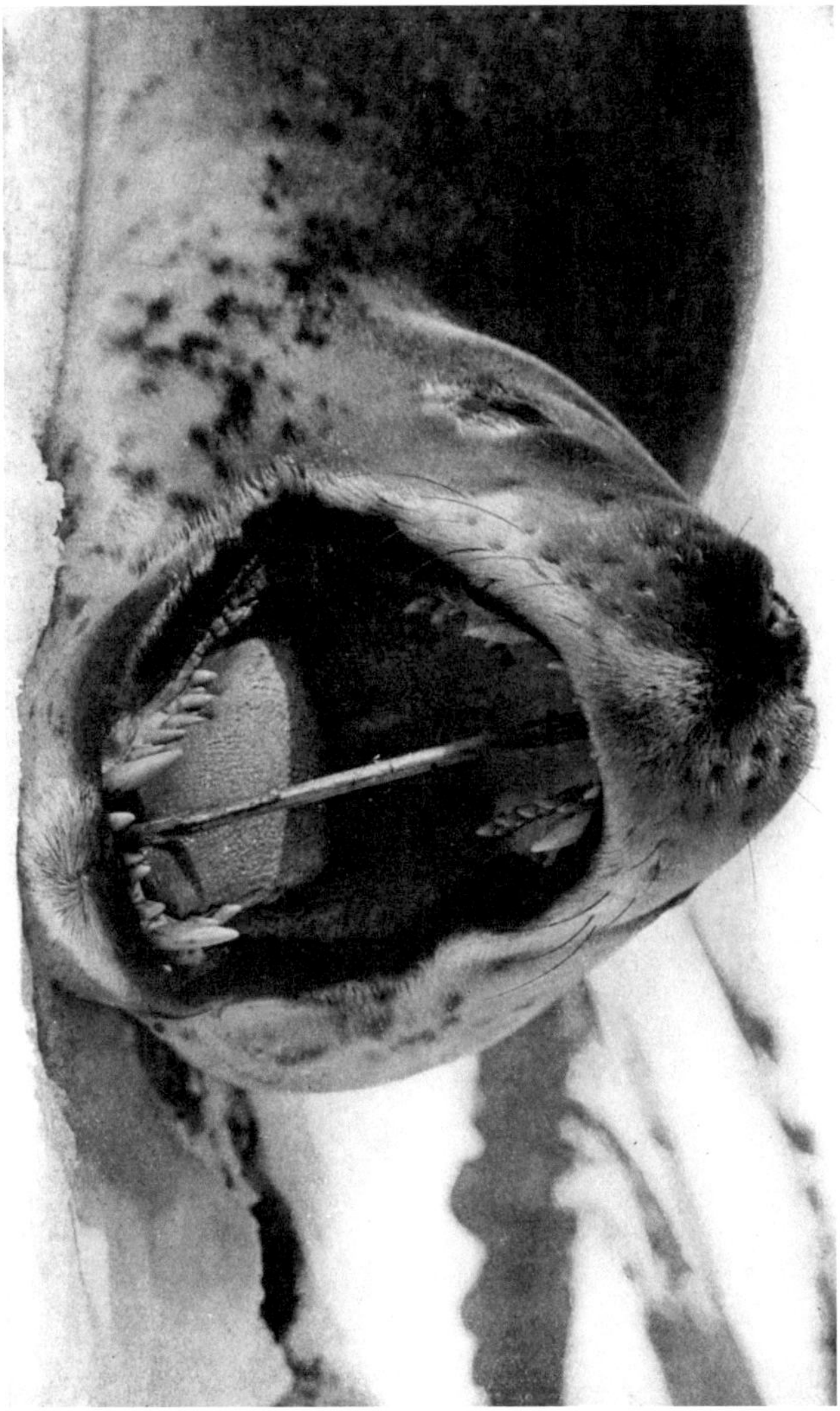

図52. ヒョウアザラシの頭部

図 53. ヒョウアザラシ。体長約 3.2 メートル

図 54. 海氷の上にいる若いヒョウアザラシ

それは見かけ上のことで、実際には警戒を怠ってはいないのだろう。これまでの観察によれば、大人のアデリーペンギンの命を脅かす敵は、人間を除けばヒョウアザラシだけである。

ある日、何百羽というアデリーペンギンがいる開水域に、突然、巨大な、シャチの背中が現れたことがあった。シャチはちょうどその開水域を横切って行くところだった。氷の下から現れたかと思うと、再び、氷の下へと潜って行った。驚いたのは、水中にいるペンギンたちがまったく怖がっていなかったことだ。現れたのがヒョウアザラシであれば、ペンギンたちはきっと一斉に逃げ出したはずである。おそらくすべてのペンギンが手近な海氷の上に飛び乗ろうとしただろう。この様子を見て、私は、おそらくシャチはアデリーペンギンにとって脅威ではないのだろうと考えた。後に、多数のアデリーペンギンがいる浮氷のすぐそばをシャチの群れが通り過ぎた時、私は自分の考えが正しいと確信した。浮氷を揺らせば、おそらく簡単にペンギンを捕まえて食うことができたと思うのだが、シャチはそうしようとする素振りすら見せなかったのだ。ペンギンは敏捷なので、大きくて重いシャチから逃げるのは容易なのではないだろうか。犬が牛を恐れないのと同じようなことかもしれない。もちろん、油断して近づきすぎないように注意をしているとは思う。

海氷がなくなると、氷脚のすぐそばが開水域になる。営巣地の西側には氷の崖だけが残る。ここはペンギンたちにとっては、青い氷でできたテラス、あるいは「玄関」のようなものだ。そこから海に入るには、二メートルほどの高さの崖を飛び降りることになる。その崖の上に立つと、下の透き通った水の中でペンギンたちが泳いでいるのがよく見える。深い海の中でペンギンたちがどれほど敏捷に泳ぎ回れるかもわかるのだ。翼を力強く動かし、その推進力で速く移動できるだけでなく、左右に素早く方向を変えることもできる。そうして小さなエビに似たオキアミを確実に捕まえて食べる。オキアミは南極の海の文字通りどこにでも大量にいる生き物だ。ペンギンにとってはいつでも素晴らしい食料となってくれる。ペンギンたちは貪欲だ。もうこれ以上はどこにも入らないというくらいにオキアミを食べる。ついには食べすぎて、泳ぎながら海の中に吐いてしまうことすらある。しかしそれでも懲りることなく食事を続けるのだ。ペンギンたちが水面から一・五メートルほど下を泳いでいると、突然、乳白色の雲のようなものができる。それが吐き出されたオキアミなのだろう。ペンギンたちは、その雲からゆっくりと離れるのだが、その後はほとんど休むことなく動き回ってオキアミ狩りを続行する。

しばらく海で過ごしたペンギンたちもいずれ、つがいの相手の待つ巣に戻る。そして、卵の世話をすることになるのだが、その前には一種の儀式が行われる。いわば「衛兵交替」の儀式である。

巣に戻って来たペンギンは、首を美しいアーチ状に曲げる仕草をする。同時にしわがれた声を出す。まるで「ここの仕事は任せておけ」と言って、つがいの相手を安心させようとしているみたいだ（図55）。そうされた相手の側は、とても興奮したようになってやはりしわがれた声を出す。こちらは短く切った声を何度も出すのだ。卵の上からそう簡単には動こうとしない。やがて両者とも

図55. 抱卵交替＝「衛兵交替」の儀式

怒り出す。どちらも熱くなって喧嘩のような状態になるのだ。しかし、しばらくすると、卵の上にいた方は立ち上がって巣の脇へと移動し、場所を空けるのだ。それを見た相手はすぐに卵の上に移動し、座る。そしてクチバシを自分の身体の下に差し入れて、卵の位置を調整する。場所を譲った方は少しの間、その場に留まっているが、間もなく、海で食事をするべく歩み始める。
　巣を離れている時間の長さは個体ごとに大きく異なっている。あるつがいの行動を観察して「当直表」を作ってみたので載せておこう。*

一一月一四日　産卵。雌が座る。
一一月二七日　一四日以来、はじめて雄が巣に姿を現わす。雌と交替して巣にいるようになる。巣の近くに赤いグアノがはじめて見られたのもこの日。
一二月一〇日　一一月二七日から不在だった雌が午後八時から一〇時の間に帰還。久しぶりに新しい赤いグアノが見られた。
一二月一四日　雄が午前八時から一〇時までの間に帰還して雌と交替。
一二月一五日　雌が午前八時から一〇時までの間に帰還して雄と交替。午後六時から八時までの間に、ヒナが孵化。雌が巣に留まり続ける。
一二月一七日　午前八時、雄が帰還して雌と交替。

一二月一八日　午後六時から八時の間、雌が見張りをする。
一二月二〇日　雄が午前八時頃、見張りを雌と交替。午後八時、雄と雌の両方が巣にいる。雌は巣のそばに立ち、雄は巣の上にいる。
一二月二二日　雌は午後八時に見張りを雄と交替。
一二月二三日　雄は正午に帰還し、見張りを雌と交替。
一二月二四日　雄が日中、見張りをする。雌は午後一時から六時まで不在で、帰還後、見張りを雄と交替。
一二月二五日　午前八時、雄雌両方が巣にいる。巣の上にいるのは雌。午前一〇時、見張りが交替。雌が去る。
一二月二六日　雌が巣の上にいる。雄はそばに立っている。
一二月二七日　午前八時、雄が巣の上にいる。
一二月二八日　午前八時、雌が巣の上にいる。
一二月二九日　雄が雌と見張りを交替。

＊　この「当直表」は、プリーストリー氏が親切にも気象観測のついでにペンギンの巣を見てくれたおかげでできたものだ。この巣のすぐそばに百葉箱があった。

一二月三〇日　雌が午後三時に帰還し、見張りを雄と交替。
一二月三一日　午後一〇時から午前〇時までの間に雄が雌と見張りを交替。午後一〇時には両方が巣にいた。
一月　一日　午前一〇時、両方が巣にいる。
　正午、両方が巣にいる。観察者が通り過ぎる度にヒナが巣から脱走を図るので事態が複雑になる。ヒナと両親が近隣のペンギンたちの中に紛れてしまう。
一月　一日　午後二時、雌が巣にいる。雄は去る。
一月　二日　午前一〇時　雌が巣にいる。
　正午、ヒナの姿が見えない。
　午後二時、巣が空になっている。
　午後四時、雄が巣にいる。ヒナは不在。
　午後八時、雄が巣にいる。ヒナは不在。
一月　三日　雄がヒナとともに巣にいる。

図 56. ヒナが産まれ始める（巣はこんなふうに集まっていることが多い）

この「当直表」からわかるのは、雌は産卵（この雌の場合は卵を一個だけ産んだ）から二週間、その場を離れることができないということだ。その間、雄が代わってくれることはなく、おそらく一ヶ月くらいは何も食べずに過ごしているようだ。その後、雌は巣から離れ、二週間が経つまで戻っては来ない。ここで注目すべきは、雌も雄もほぼ同じ期間だけ巣から離れているということだ。卵が孵りヒナが産まれたあとは、雄、雌ともに行動の仕方が変わる。当然、ヒナを食べさせなくてはならないからだ。採餌のために雄と雌は交替で頻繁に海に出ることになる。

ヒナが営巣地のいたるところで産まれ始めると（図56）、海から巣に戻って来る時の親鳥たちの外見が、それまでとは明らかに変わる。ヒ

図 57. 体調の悪そうなアデリーペンギン

ナが産まれる前は、単に染み一つない光沢のある羽毛が印象に残るくらいなのだが、ヒナのための食べ物を詰め込んだためだろう、明らかに胃が膨張しているのがわかる。突き出た腹とのバランスを取るように、後ろに身を反らして歩いている。地面が平坦でない場所では、よくつまずいている。足元をよく見られないからだろう。

大量の食べ物という荷物を腹に抱えて営巣地を歩いている時には、そう多くはないが、他のペンギンたちと諍いが起きる場合もある。また、それよりも多いのは、巣にたどり着く前に体調を崩すことである。実際、気持ち悪くなったのか、胃に入れていたものをすべて吐き出してしまうペンギンは珍しくない。その結果、半分消化されてどろどろになった赤いオキアミの小山が営巣地のあちこちにできることになる。巣に到着したはいいが、普通にヒナに食べ物を与える前に、つがいの相手のすぐ前の地面に大量に胃の中のものを吐き出してしまったペンギンも見た。私はそのあとの様子も見て、そのペンギンの写真も撮った（図57）。吐き出した食べ物は無駄になる。ヒナも親鳥も、どれだけ空腹でも、それは食べないからだ。ヒナは親の喉に頭を突っ込むという普通の方法でしか餌を食べないし、親鳥も、自分で捕まえた獲物を直接食べることしかしないからだ（図58）。

ヒナが小さいうちは、巣の上に座る親鳥に完全に隠れる。しかし、何しろ貪欲に大変な量を食べるので、驚異的な速度で成長していく。ヒナの胃は伸縮性が高く、制限なくどこまでも膨らむことができるようだ（図59）。ある程度、大きくなると、ヒナの立ち姿はまるで三脚のようになる。前に突き出した腹と後ろの二本の脚の三点で身体を支えるからだ。

私は間隔をおいてヒナの体重を量っていた。すると、次のような驚くべき結果になった。

	単位：グラム
卵	130
孵化したばかりのヒナ	85
孵化後五日	368

図 58. 親鳥がヒナに食べ物を与える方法

図59. アデリーペンギンのヒナを横から見たところ

孵化後六日	446
孵化後八日	701
孵化後九日	807
孵化後一一日	1070
孵化後一二日	1204

これだけの速さで成長するので、孵化後二週間経ったヒナが母親に覆いかぶさってもらおうとする姿はかなり滑稽になる。がんばっても隠れるのはせいぜい頭くらいで、あとの部分は外気にさらされることになる。だが、ヒナは分厚くて暖かい羽毛のコートを着ているので、どのような天候であろうと寒さからは守られる。図60の写真を見れば、私の言いたいことはよくわかってもらえるだろう。図61は、母鳥と孵化後一二日のヒナの写真である。

ヒナが小さいうちは、餌を与え続けるのにもそう苦労はない（図62）。ただし、両親のうちどちらか一方は必ず巣に留まっている必要がある。ヒナの保温のためと、トウゾクカモメやフーリガンのように周囲をうろついている雄たちなどからヒナを守るため、そして、ヒナが巣から彷徨い出てしまうのを防ぐためだ。自由に採餌に行けるのは必ずどちらか一方である。だが、しばらくすると、二つの理由によって状況が変わる。一つは、ヒナの羽毛のコートが十分に分厚くなり、親鳥が温め

図60. 親鳥がヒナに覆いかぶさるのはもはや不可能だ。

図61. 孵化後12日のヒナといるアデリーペンギン

図62. つがいとヒナ

なくても寒さから身を守れるようになることだ。もう一つは、ヒナが成長したことで、必要な食料の量が大幅に増えてしまうことだ。ヒナが孵化後二週間になる頃には、親鳥一羽だけで対処するのが無理なほどの食料を必要とするようになる。この時になっても、巣から彷徨い出てしまうのを防ぐ必要はあるし、トウゾクカモメやフーリガンに襲われないよう守る必要はある。この問題を解決するために、アデリーペンギンは興味深い社会制度を生み出した。ヒナを両親だけで世話するのではなく、まとめてコロニー全体で世話する制度だ。ヒナたちの集団は「クレイシュ」と呼ばれる。人間で言う託児所のようなもので、クレイシュのヒナたちは、何羽かの成鳥たちが見守る。そのおかげで他の成鳥たちは自由に採餌に行ける。

ヒナが自分のクレイシュを出て、別のクレイシュに紛れ込んで食べ物をもらうということも十分にあり得る。クレイシュには多数のヒナがおり、見守っている成鳥たちが個体を識別するのはほぼ不可能だからだ。知らないヒナが紛れ込んでいても気づくことはまずないだろう。一方、成鳥たちの方は、おそらく繁殖期が終わるまで決まったクレイシュの世話だけをし続けると考えられる。そう信じられるだけの理由があるからだ。成鳥たちが海で腹に詰め込んだ食べ物を抱えて営巣地を通り過ぎる際には、悲しいことだが、必ず巣から迷い出て腹をすかせたヒナたちに追いかけられることになる。ヒナたちは必死に声をあげて食べ物をねだりながら追いかけて来るのだ。しかし、ヒナたちの訴えは常に無駄になる。歩いている成鳥の側は、まったく耳を貸さないからだ。ヒナたちはやがて疲れ、弱っていき、最後は絶えずヒナを狙っているトウゾクカモメの餌食になる。さらに、営巣地の奥や、岬の頂上など、海から遠い場所にいるヒナも、海のそばにいるヒナと変わらない量の餌を与えられているという事実も重要だ。海のそばのヒナたちは食べ物を抱えた成鳥が頻繁に通り過ぎるのだから、その分だけ多く栄養を与えられていても不思議ではない。しかし、そうなっていないのは、成鳥たちが決まったクレイシュの世話だけをしている証拠だと言えるだろう。

すでに書いた通り、巣から迷い出たヒナたちの敵はトウゾクカモメだけではない。フーリガンと化した雄たちも危険な存在である。彼らは営巣地の中を小さな集団でうろつき回ることが多い。繁殖期のはじめには、フーリガンは非常に少ない。しかし、時期があとになるほど数が大幅に増えていく。そして、コロニーに損害を与え、平和に暮らしているペンギンたちの大きな悩みの種となる。繁殖期のはじめにフーリガンになるのは、おそらく、つがいの相手を見つけられず、何もすることがなくうろうろするようになった雄だろう。しかし、あとの時期になって急に増えたフーリガンたちの大半は、寡夫だろう。つまり、何らかの理由でつがいの相手を失った雄ということだ。

多くのコロニーで、特に海に近い場所では、フーリガンたちが害をもたらす。フーリガンたちは主に営巣地のはずれにいて、巣から迷い出たヒナたちは、彼らの手にかかって命を落とす可能性が高い。フーリガンたちの「犯罪」についてここで詳しく書くことはしない。だが、皆に仕事があれば問題ないのに、何も仕事がない者がいるとろくなことにならない、というのは人間にも通じるの

図63. アデア岬の頂上にあるアデリーペンギンの巣。ここまで来るには、急勾配を三〇〇メートルくらい登らなくてはならない。

で興味深いとは思う。

これもすでに書いたが、ペンギンたちの多くはどういうわけか、営巣地の奥の、岬の断崖絶壁の上をわざわざ選んで巣を作りたがる。私はしばらくすると、そうするのは単にペンギンたちが山登りを好むせいではないかと思うようになった。アデア岬の頂上付近にもコロニーが一つあった（図63）。そこの住民たちは、頂上まで長い旅をして高いところまで登って来なければ巣にたどりつけない。海氷から約二〇〇メートルもの高さの崖の縁を、何百メートルにも及ぶ雪の積もった急坂を歩いて登らない限り、我が家へは帰り着けないのだ。

こうして高いところに巣を持つペンギンたちは、子育てをする間、毎日のように何度も長い道のりを旅しなくてはならない。腹いっぱいにオキアミを抱えてヒナの待つ巣まで移動しなくてはならないのだ――小さな脚で、重い身体で辛い山登りを何度も繰り返す。多くのペンギンたちが、まだ営巣地に良い場所が使われずにいくらでも残っている時期でさえ、わざわざこういう大変な場所を選んで巣作りをするのである。

営巣地の沿岸の海には前述の通り、大きな氷塊がたまる。いずれも氷山の欠片だが、その中には高さが五、六メートルにもなるものがある。つまり、海岸沿いに小さな山脈ができるようなものだ。ペンギンたちの一団が、その小さな山脈のわざわざ険しい側を選んで懸命に登ろうとする姿が一日中見られる。登り始めたはいいが、途中で降りてまた別の経路で登り直そうとする者も多い。滑りやすい傾斜を苦労して登っている途中で滑って下まで落ちてしまうことも珍しくない。だが、それでもすぐに体勢を立て直して再び登り始めるのである（図64）。

この山登りは、通常、協力し合う小さな集団で行われる。アデリーペンギンには小さな集団を作りたがる性質がある。小さな集団でまとまって、氷塊の頂上まで一時間以上もかけて登ることもよくある。頂上に着いてから、ペンギンたちがそこで過ごす時間の長さは決まっていない。すぐに降りてしまうこともあれば、かなりの長時間その場に留まることもある。その場で満足げに辺りを見回したり、下にいる集団を見下ろして何やら話をしたりもする。

海岸から約一キロメートル離れた辺りには、高さ三〇メートルにもなる大きな氷山があるが、こ

図 64. アデリーペンギンはどうやら登ることそのものが好きらしい。

の氷山は、海面より下の見えていない部分の方がはるかに大きい。繁殖期のはじめ頃には、海氷を歩いて氷山にたどり着くことができるが、あとの時期になると氷が溶けて、開水域に囲まれることになる。氷山の側面はほとんどが垂直に切り立っており、稀にそうでない側面があったとしても、縁から頂上まで続く急勾配になっている。

ペンギンたちが最初に海に採餌に行き始める時から、繁殖期の終わりにいたるまで、氷山を上り下りするペンギンたちの流れは止まることなく続く。双眼鏡で見てみると、ペンギンの通ったあとに、氷山の下から頂上まで続く深い道ができているのがわかった。苦労して氷山に登ったところでペンギンは何かを得るわけではないのだが、登って、そして頂上から周囲の景色を眺めて下りて来るという行動を純粋に楽しんでいるようだ。

営巣地にペンギンが来はじめた頃、私は、崖の上の方に巣作りをするペンギンを見ていた。ためらうことなく真っ直ぐに高いところに登って行くペンギンも少なからずいた。高いところにある巣から、数多くの巣の間を縫って、崖の下の小石の多い場所までいちいち降りて来て、また同じような道筋をたどって戻って行く。おそらく、そのペンギンたちは、高いところで産まれたのだろう。あるいは、以前に同じように高いところに巣を作ったことがあるのだろう。その懐かしい場所に戻って来ているということだ。ただし、私の記録によれば、雄にはどうもそういう性質がないらしい。雄は特に毎年同じ場所に巣を作りたいとは思っていないようだ。巣作りの場所を選ぶのは雌である。私の調べた限り、雌は場所を選ぶと、つがいの相手が現れるまでその場に留まり続ける。幾多の競争を勝ち抜いて彼女とつがいになる者が現れるまで待っているのだ。

営巣地で命を落とすアデリーペンギンは数多い。卵、ヒナ、成鳥それぞれの死因は次の通り。

卵：

トウゾクカモメに食われる。
巣のそばで戦った雄たちに壊される。
雪解け水に浸かる。
両親いずれかの死。
地吹雪。
地滑り。

ヒナ：

トウゾクカモメに食われる。
地滑り。
フーリガンと化した雄に襲われる。

迷子になる。
両親いずれかの死。

成鳥‥
ヒョウアザラシに食われる。
地滑り。
地吹雪。

人間――主に無知な船乗りたちだ――による理不尽な略奪、殺戮行為は数に入れていない。南極を訪れる遠征隊の船乗りたちによってアデリーペンギンの命が奪われることは実際に時々ある。ただし、遠征隊の訪問自体が稀なので、アデリーペンギンの数に大きな影響はないと思われる。

ここであげた死因の中には、説明が必要なものもあるだろう。アデア岬の崖のふもとには小石の多い場所があるが、そこはおそらく営巣地の中でも、最もアデリーペンギンが多く集まるところだ。雪解けが進む時期には、大小様々な岩石が崖を転がり落ちてくる。中には、ペンギンの巣の集まるふもとに到達するまでに数百メートル以上も落ちることがある。落ちたあとも営巣地の中をしばらく転がり続けることがあり、ペンギンたちは大変な被害を受けることになる。時には、雪解け水が崖の上から一気に大量に流れたことで、大規模な地滑りが起きて、下のペンギンの巣が多数、埋まってしまうこともある。実際、崖の下の小石も、毎年のように起きる地滑りの際に上から転がり落ちて来たものが多いのだろう。そして、その場所で過去の世代のペンギンたちが多数、死んでいることも間違いない。私が営巣地にいる際にも、一度、大きな被害をもたらした酷い地滑りが起きている。すぐ下には、アデリーペンギンたちの巣が密集したコロニーがある。そのすぐ上を大量の雪や土砂が通り過ぎたわけだ。当然のことながら恐ろしい悲劇が起きることになる。実際、私たちは何百羽というペンギンが負傷、あるいは死亡したのを見た。悲惨な状態になっている者も多かった。内蔵が完全に飛び出ている者や、背中の皮膚が剥がれて垂れ下がり、中の肉が露出してしまっている者もいた。脚やフリッパーが潰れたり、外れてしまっている者もいた。

そして、多くのペンギンたちが雪や大量の玄武岩の下に生き埋めになったのだ。私は、雪からフリッパーが飛び出しているのを二度、見たことがある。フリッパーは力なく動いている。いずれの場合も掘り出してみると、中から重傷を負ったペンギンが出てきた。そのまま放置しておいてもおそらく数日は生き続けただろう。雪の密度がさほど高くないので、窒息はしない可能性が高いからだ。また、雪や土砂の隙間に空気が溜まっていて、それを吸うことは簡単にできる。私たちはピッケルを使い、怪我が酷くて回復の見込みがないペンギンたちを何羽か殺した。

それだけの雪崩があっても、被害を免れた巣が数多くあったことは驚きだ。かろうじて、ではあるが、被害を免れ、何ごともなかったように前と変わらずペンギンたちが座り続けている巣も多くあったのだ。一方、酷く傷ついたペンギンが卵の上に座っている巣もいくつかあった。血塗れになって卵の上に座っているペンギンもいた。まるで赤いインコのようにも見えた。大変な量の血液が流れたに違いない。ペンギンの周囲の全方向の雪が血で染まって真っ赤になっていたからだ。雪崩のあとには、大量の水が何時間にもわたって流れ続けた。水は巣と巣の間を小川のように流れ、その流れは時に洪水となり、多くのペンギンたちが流れる水の上に座っているような状態となった。水の上でペンギンたちはすでに溺死したヒナや、ヒナが孵ることもなくなった卵を温めようと虚しい努力を続けていたのだ。

雪の吹き溜まりを掘っていて、奥深くに埋められたペンギンを見つけたことがある。覆いかぶさっていた雪の重みで動けなくなってはいたが、多くはまだ生きていた。こうして埋まってからもしばらく生き続けていて、やがて死んでしまうペンギンが多いのだろう。私は、埋まっていた中からフリッパーや脚を怪我しているだけのペンギンを救い出した。そのほぼすべてが、翌日には元気になった。私が雪の下から見つけたペンギンの中には一個の卵の上に座っていた者もいた。卵はすっかり水に浸かっていた。私は卵をペンギンの下から取り出して、すぐそばの乾いた地面に置いた。もちろん、親鳥はその卵をどうすることもできない。

悲惨な状況に陥ったペンギンたちを見ていて気づくのは、どれほどひどい怪我をし弱ったペンギンであっても、他のペンギンたちに危害を加えられることはないということだ。これは、アデリーペンギンの隣人であるトウゾクカモメを含め、他の多くの鳥たちとは異なる。私は、病気のトウゾクカモメが仲間たちの一団に一時間以上、追われ続けるのを見たことがある。追われる者はその間、ほんの一瞬、氷の上で休むことすら許されなかった。

先の死因リストの中では「地吹雪」という言葉に関しても説明が必要だろう。

春や夏にも時折、吹雪は起きる。その間も、巣に動かず座っているペンギンは多く、雪に埋もれてしまうことがある。ペンギンは懸命に頭を突き出しはするのだが、それでも完全に雪に埋まることがあるのだ。すぐに空気の通り道ができるので、窒息することはなく、ペンギンは雪の下でも数週間、生き延びることができる。自らの体温で雪が一部溶けてできた空間の中に居続ける。通常は、数時間で雪は弱まり、埋まった巣も再び姿を現すのだが、雪が弱まったあとに吹く風の強さが十分でなく、雪が吹き飛ばされないこともある。吹き飛ばされなかった雪は硬くなり、数週間そのまま残る。中のペンギンは閉じ込められてしまう。しばらくすると、雪の表面に小さな黒い点ができる。ペンギンが空気穴に頭を押しつけるからだ。

ある時、私は興味深い出来事に遭遇した。雪の中に閉じ込められた雌が、空気穴から首を突き出していて、そこにつがいの相手の雄が来ていたのだ。雄は、雌があまりにも長く巣に留まっていることに腹を立てているようだった。なぜ雌が動かないのか理由はわからないらしい。雄はしばらく雌を罵っていたかと思うと、雌の頭をクチバシで突き始めた。雌の側も身動きが自由に取れない状況ながら反撃をした。雌が頭を引っ込めると、雄は自分の頭を空気穴に突っ込む。雌はそれを押し出そうとする。その状態が無限に続きそうに見えたので、私はそばに寄って雌を閉じ込めている雪を少し崩してやった。雌は、中から飛び出して来た。出て来られたことを喜んでいるようだった。雌は泥にまみれていた。何日も雪解け水に浸かっていたためだ。当然、彼女の巣も水に浸かり、卵もだめになってしまった。私が雌を巣の上に戻してやると、彼女はしばらくそこに座っていたが、結局、つがいは巣を捨てた。同じようにして繁殖に失敗したつがいは何百組もいたと思う。

私はこの出来事を間を置いて、段階ごとに写真に撮っていた。図65~67がそれにあたる。

雄どうしの戦いによって卵が失われてしまうことがあるという話はすでにした。雌は卵を抱き始めると、つがい相手の雄が交替してくれない限り、決して巣から離れることはない。信頼して卵を任せられるのは、つがい相手の雄だけだからだ。近くの巣のつがいと仲が悪い場合、揉め事が絶えることはないが、卵を温めるくらいの時期になると、直接的な攻撃があるのは互いの距離が極端に近い時だけだ。一切、位置を変えずに攻撃できるほど近い場合にクチバシで突くくらいである。

一方、雄の方はと言えば、雌に比べると頼りにならない。隣と喧嘩をするのは雌と同じなのだが、好戦的な本能が呼び起こされるのか、すぐに立ち上がり、激しい戦いを始めてしまう。あちこちによろけるので、卵を巣の外に出してしまうことも多い。巣の外に出た卵はほとんどの場合、失われ

図 65. 閉じ込められた雌が空気穴から頭を突き出している。

てしまう。私は何度か喧嘩をするペンギンの間に割って入り、卵を元に位置に戻してやった。すると、雄は何事もなかったかのように卵を温める仕事を再開する。しかし、繁殖期の間に、このようにして失われてしまう卵は相当な数になるだろう。

繁殖期の終わり頃には、どうにも説明のしようのない不思議な出来事に遭遇した。時折、多数のペンギンたちが氷脚の上に集まるのだ。多数が何時間も、特に目的もなく立っている。どういう状況かは、本書巻頭の写真を見ればわかってもらえると思う。

ある朝、プリーストリー氏が、小屋に入って来て、「海氷の上にペンギンが集まっているから、見に行った方がいい」と教えてくれた。私は彼とともに氷脚まで行き、写真のよ

図 66. つがいの相手の雄は、なぜ雌が巣を離れられないのか理解できず、非常に腹を立てているように見えた。

図 67. 雪の中から雌が出てくると、つがいは和解した。

うな光景を目にしたのだ。

氷脚と開水域の間の海氷上には、何千羽というアデリーペンギンがいて、また四〇〇メートルほど離れた場所にもペンギンたちはいた。氷脚のそばでは、ペンギンたちは数十羽ずつ集まっていたのだが、そこからさらに海に近い場所では、数千羽の群れがいて、静かにほとんど動くこともなく佇んでいた。小さな集団、大きな集団が共に長方形に近い隊形を保っていた。同一の集団に属するペンギンたちは皆、同じ方向に身体を向けていたが、向いている方向は、集団ごとに違っていた。

しばらく見ているうちにわかったのは、ペンギンたちはどうも、ただ立っているだけではないということだ。まず、小さい集団の中の一羽が突然、走り出した。ほんの数メートル、他の集団がいる方に向かって走り、すぐに止まった。その瞬間、走ったペンギンの属していた集団が一斉に左転回をした。その結果、最初に走ったペンギンの方向に集団が向くかたちになった。あまりに秩序正しい動きだったので、見ていてとても現実のこととは思えなかった。次に、一羽のペンギンが近づいて行った小集団の中から、また別のペンギンが走り出した。それをきっかけに、そのペンギンの属していた集団が、最初の集団とまったく同じことをした。それにより、二つの集団は五メートルほどの距離を隔てて互いに向かい合う形になった。

さらに、二つの集団は互いに向かって真っ直ぐに行進を始め、やがて一つの集団にまとまる。その後、私たちは同様のことがあちらこちらで行われるのを見た。営巣地からやってきたペンギンたちが小集団となり、また、集団と集団がまとまっていく。そして、まとまった集団どうしがまとまってより大きな集団を形成する。またその大集団どうしもまとまってさらに大きな集団を形成する。それを繰り返すうちに、ペンギンたちは、軍隊のように皆が一つの方向を向く巨大な集団となる。この密集した巨大集団は、以下の矢印のような方向を向いて、私たちのすぐそばに立っていた。

巨大集団となったペンギンたちは、長い間、動くことなく、静かに立ち続けていたが、突然、前と同じく、一羽のペンギンが集団から離れ、海に向かって走り始めた。まるで誰かに命令でもされたような動きだった。残ったペンギンたちは皆、以下の矢印のような方向を向いて立っていた。

この後、集団全体が海に向かって行進を始めた。氷の縁に来るまでは、隊形はほとんど崩れないままだった。そこでいったん立ち止まると、ペンギンたちは一斉に海に飛び込んでいった。

この行動は何時間にもわたって続いた。何より驚いたのは、ペンギンたちの動きが、まるで兵士たちの軍事訓練や行進を見ているかのように秩序正しいものだったということだ。おそらく、突然の行動のきっかけとなるのは、集団の中の一羽の発する声なのだろう。集団の指導者のように振る舞うペンギンが一羽いて、私たちには聞こえない声を発して指示を出したのだと考えられる。だが、なぜ、ペンギンたちが、普段とは違ったこのような行動を取るのかは、私たちには今のところまったくわからない。詳しい説明はできないが、ペンギンたちは明らかに本能に従って動いている。その後、私は二度、同じような行動を目にすることになった。

最初にこの行動を見た時には、渡り鳥としての行動なのだろうと思った。渡り鳥が渡りの前に集まるようにペンギンも集まっているということだ。それはペンギンがまだ空を飛べたはるかな昔から続けていることで、空を飛べなくなってからも本能が残っているのだろうと私は考えていた。

アデリーペンギンのヒナたちは換羽が終わり、成鳥の羽毛になると、海辺へと行き、泳ぐ練習を始める。

一九一二年の秋、私はイネクスプレシブル島でアデリーペンギンの小さな営巣地にいたが、そこでは成長したヒナたちがはじめて泳ぎに挑む姿を見ることができた。若いアデリーペンギンたちは、営巣地の下の小石の多い海岸に集まっていた。繁殖期も後半のその時期になると、氷はほとんど溶けていて、丸くなった小石の転がる海岸が露出していた。はじめての泳ぎの練習には適した状態である。

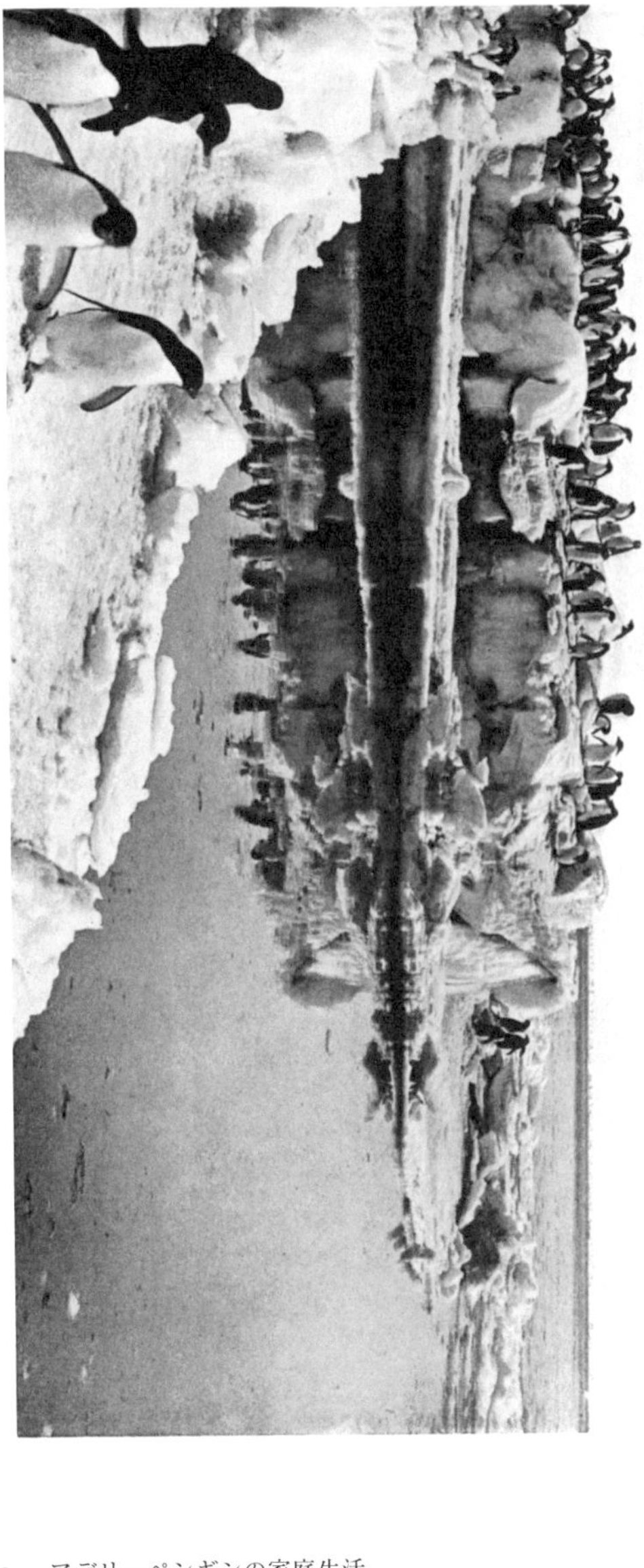

図68. 氷脚上に集まったアデリー・ペンギン

多数の年長のペンギンたちがフリッパーをオールのように使って少し先に泳いで行く。そして、水深五センチメートルくらいのところでフリッパーを振って水しぶきをあげる。どうやらそれで、若いペンギンたちを鼓舞しているようだ。中には年長者の励ましなど必要とせず、すぐに海という未知の場所へと飛び込み、いきなり深いところまで潜って行く者もいる。しかし一方で臆病な者も少なからずいる。年長者から色々と励まされたあとで、ようやく何羽かが海に入るが、すぐに出てきてしまう。そういうことをしながら少しずつ自信をつけていく。

若いペンギンたちの小集団には、必ず一羽か二羽の年長者が伴うようだ。クレイシュという仕組みを生み出したのと同じ本能なのだろうか。年長者は、間もなく始まる北への旅に備え、若いペンギンたちを教育するらしい。

営巣地では、換羽の終わった若いペンギンたちが、食べ物を求めて大きな声をあげるが、いくら騒いでも無駄である。成鳥たちは、毅然とした態度で、食べ物を与えるのを拒否する。若いペンギンたちはすでに自分で採餌する能力を持っているからだ。海の中で年長者に指導されている若いペンギンたちはすでに換羽を終え、旅立つ準備ができているのだ。しかし、まだ悲しげに地上をさまよい歩く者たちもいる。その中には換羽が完全に終わっていない者も多い。大きな岩など、冷たい風を遮ってくれる物の陰を選び、うなだれて歩く。若いペンギンたちの大半がその場を離れたあとにも、このような換羽の終わらない若いペンギンが単独で行動する姿は見られる。やせ衰えていて、

図69. 氷脚の上のアデリーペンギンたち

新しく生えた大人の羽毛の上にまだところどころヒナの時の柔らかい羽毛が残っている。成長の遅さを象徴しているようで、とても無残な姿に見える。このような成長の遅い若いペンギンが岩の陰の穴の中にいるのを見たこともある。すでに抜けたヒナの時の羽毛がベッドのようになって、ペンギンを寒さから守っているようだった。

一九一〇年のアデア岬、一九一一年のイネクスプレシブル島の両方で、私は若いペンギンたち、年長のペンギンたちが一斉に営巣地を離れたあとも、実は多くの若いペンギンたちが換羽の遅れのためにその場に留まっているのを見た。すでに皆、親鳥とは離れてしまっている。この事実は、ボルクグレヴィンク氏の証言と矛盾する。氏は、まず年長のペンギンたちが営巣地を離れ、その際に若いペンギンたちを置き去りにすると言っていたからだ。置き去りにされた若いペンギンたちは必要に迫られて海に入り、泳ぎを覚えるのだ、とボルクグレヴィンク氏は言う。

私は仲間たちとともに、一九一二年の秋にまさにその場に取り残され、食料の確保の必要に迫られた。もう繁殖期も終わりに近かったイネクスプレシブル島に、換羽の遅い若いペンギンたちが数多く残っていなかったとしたら、おそらく私たちは次の春の太陽を見ることはできなかっただろう。

一九一〇年のアデア岬では、私たちが秋に到着した頃には、営巣地のアデリーペンギンの半数がその場を離れていた。残りは数百羽ごとに集団となり、海へと向かった。集団はしばらく海岸や氷脚の周辺を歩き回ったかと思うと、海に飛び込み、北へ向かって泳ぎ始め、その後、姿が見えなく

図 70. 氷脚の上のアデリーペンギンたち

なった。

　換羽を済ませた若いペンギンは、時に厳しい環境に置かれることもあるが、そういう時でも単独で生きねばならない。ただ、やはり惨めなのは、換羽が遅れたペンギンたちである。風が徐々に冷たくなり、日差しも弱まっていく中で、まったく無防備な状態でいなくてはならないのだ。

　若いペンギンたちがすべていなくなっても、年長のペンギンたちは数千羽の単位で残っている。換羽が完全に終わるのを待ってから出発するのだが、それまでには何日もかかる可能性がある。そして、その年長のペンギンたちもいなくなると、営巣地には誰もいなくなり、あとには荒涼とした風景が残るだけだ。三月一二日、私は最後に残った集団を撮影した。すべて換羽の終わった成鳥たちである。二日後、海岸でつがいらしきペンギンを見かけたが、最後に私たちの姿を見ようと戻って来たようにも見えた。そのつがいもいなくなると、海岸には完全な静寂が訪れた。ほんの少し前までの喧騒が嘘のようだった。

　最後のペンギンが去り、太陽が地平線の下に消えると、私たちに残るのは南極の夜だけだった。

付録

（A）クチバシ、眼、脚、羽毛について

Pygoscelis adeliæ（アデリーペンギン）のクチバシ、眼、脚、羽毛とその他の部位に関し、ディスカバリー遠征での動物学的研究の報告書に記されていることを次にまとめておく。これは完全に正しい記述だと考えられる。

クチバシ、眼、脚

「クチバシは、孵化したばかりの時には黒い。一週間経っても末端部は黒いが、口を開けると中から縁にかけて深紅になっている。まだ未熟な最初の一年は黒いままだ。成鳥になると、上のクチバシに赤い部分ができるが、末端部は黒である。下のクチバシは縁まで全体が黒い」

「虹彩は茶色。ただし、赤みがかった茶色のものもいれば、緑がかった茶色のものもいて、個体ごとに微妙に違う」

「まぶたは、孵化後一年間は黒い。孵化後一四ヶ月以降の成鳥では真っ白になる」

「足は赤い。肉の色である。孵化したばかりの時はくすんだ赤だが、最初の一、二週間で明るい赤に変わっていく。ある程度、成長して以降は、上の部分は淡いピンクになり、下は黒くなる（下の部分がまだらになっている個体もいる）」

「爪は茶色」


ヒナのほとんどは羽毛の全体が黒みがかった、すすけた色をしている。ただ、親鳥たちの巣を見ていると、その中に、薄いグレーの、銀色に近い色をして、頭が黒っぽくなったヒナもあちこちにいるのがわかる。エンペラーペンギンのヒナを思わせるような姿だが、これは生後、かなりの日数が経ったヒナたちである。バウドラー・シャープ博士によれば、頭の色はどの個体でも、早い時期から身体の他の部分よりは黒くなるようだ*。

ヒナが成長するにつれ、羽毛の色は変化していく。どの個体も錆びたような地味な茶色になる。換羽の際には、まず腹部と大腿部の羽毛が生え変わる。それまでの産毛に代わりに白い羽毛が生えてくるのだ。次に変化するのが頭部、クチバシの周り、尾などだ。胸部の上や、首、背中などの換羽はあとになる。

足は生まれて間もないヒナの場合はほぼ黒だが、それが赤レンガ色に変わる。その色が、錆びたような茶色い羽毛との対比で際立つ。すりむいたり、炎症を起こしたりして色が変わったようにも見える。その後、足は上が肉の赤になり、足の裏は黒くなる。いったんその色になるともう変わらない。爪は最初は黒いが、後に茶色に変わる。

ヒナの綿羽が抜けると、羽毛は成鳥のものになるが、喉だけはまだ黒くならず白いままだ。頭の上の部分と首は青みがかった黒になり、喉、首の前の部分、胸部、腹部は真っ白になり、金属的な光沢までできる。そして白い部分と黒い部分は一本の線ではっきりと分かれる。フリッパーも後ろ側は、同じように青みがかったタールのような黒だが、前側は白い。

喉の部分の羽毛がまだ白いことに加え、まだ成鳥になりきっていないアデリーペンギンが成鳥と明確に違うのは、まぶたがヒナと同じように黒く、成鳥のように白くなっていないということだ。成鳥になると、強膜、つまりいわゆる「白目」の部分が完全に白くなり、そのおかげでアデリーペンギンはいつも驚いているような、怒っているような顔に見える。

虹彩は、成鳥の場合は深い、赤みがかった茶色なのだが、成鳥になるまでは個体ごとに色が違っ

＊ これはアデア岬のアデリーペンギンすべてに当てはまる。

ている。

アデア岬では、ウィルソン博士が言及しているような、「銀色」と言っていいような薄いグレーのヒナはごく普通に見られた。実際、大部分のヒナの羽毛は明るい色をしていた。それは私が大英博物館に入れた標本を見てもらえればよくわかると思う。

(B) 個体差

アデリーペンギンの羽毛、クチバシ、眼、脚には時折、個体差が見られる。中でも最も稀なのは、頭部の黒い羽毛の中に白い羽毛が一部混じるという個体差である。一九一一年から一二年にかけての夏の間、アデア岬ではその個体差が顕著な例がいくつか見られた。

頭部に白い羽毛が混じっている場合、通常、白い羽毛は周囲の黒い羽毛よりも長く、周囲よりも不規則に突き出ており、非常に目立つ。

稀な変異の中でも特に顕著な例は、私の保存した三体の標本に見られる。その三体はいわゆる「イザベリズム（白変種）」の個体である。現在は大英博物館に収蔵されている。これは非常に驚くべき変異であり、興味深いので、そうした個体の羽毛やその他の部位に関しては次に詳しく説明することにしよう。

一体目の標本となった個体は、一九一一年一一月四日、アデア岬の営巣地で捕獲した。

虹彩は薄茶色。まぶたは白。クチバシは薄茶色。足は白。爪は薄茶色。

通常のアデリーペンギンであれば黒い羽毛で覆われているはずの場所はすべて、非常に明るい淡黄褐色になっている。ただし、首と肩の部分は他よりも少し暗い色になっている。性別は雄。

二体目の標本となった個体は、一九一一年一一月一四日に捕獲した。

虹彩は薄茶色。まぶたは白。クチバシは薄茶色。ただし、下の部分は表面が黒みがかっている。また上の部分は、先端が黒みがかっている。足は両方とも上の部分が白くなっている。爪は薄茶色。

通常のアデリーペンギンであれば黒い羽毛で覆われている場所が、淡黄褐色の羽毛になり、頭と首の部分は他よりも黒くなっている。背中の下部や、フリッパーの後ろ側、肩の部分は色が明るくなっている。

性別は雌。

三体目の標本となった個体は、一九一一年一二月二三日に捕獲した。

虹彩は薄茶色。足は茶色がかった白。爪は茶色。クチバシは茶色。ただし下側の表面は非常に暗い色。まぶたは白だが、ややピンクがかっている。

通常のアデリーペンギンであれば黒い羽毛で覆われている部分が、この標本の場合は、非常に明るいクリーム色になっている。正確には、通常の白い部分よりは少し暗い色である。頭、首、肩は明るい淡黄褐色だが、陰影は深い。

性別は雄。

二体目の標本となった個体は、通常の雄とつがいになった。イザベリズムの個体である三羽はいずれも通常のアデリーペンギンよりもはるかにおとなしかった。たとえば、人間に身体を持ち上げられたとしても、他のペンギンたちのように暴れたりはしない。三体目の標本になった個体は、我々の小屋につれて来ると興味津々であたりを見回していた。特に慌てた様子もなく落ち着いていた。捕まえた時にも怒ったりはしなかった。通常のペンギンならば、必死で抵抗をするはずである。三羽ともクロロホルムで殺した。

営巣地全体を常に注意深く見ていたが、この三羽を除けば、イザベリズムの個体は一羽もいなかったと思われる。したがって、大まかには、アデリーペンギン全体に占めるイザベリズムの個体の比率は七五万分の三くらいだと言える。

第三部

オオトウゾクカモメ

アデリーペンギンについての本を書くのに、オオトウゾクカモメ（*Megalestris maccormicki*）という美しい鳥に触れないことはまずあり得ないだろう。アデリーペンギンの営巣地には必ず、オオトウゾクカモメの群れがいるからだ。オオトウゾクカモメは、アデリーペンギンのすぐそばで、時にはアデリーペンギンに混じって巣作りをする。そして、アデリーペンギンの卵やヒナを自分たちやヒナの食物とするのだ。

本書ではすでにトウゾクカモメについて何度か言及してきたので、読者もその生態をある程度は理解してくれたとは思う。人間を恐れないという点では、トウゾクカモメはアデリーペンギンほどではない。人間が近づくと多少、警戒はする。時には子供の手から直接餌を食べるロンドンのセント・ジェームズ・パークにいるカモメのようなことはない。ただし、トウゾクカモメも、特に怖い思いをしなければ、ほんの数日のうちにかなり人間に慣れてしまう。問題はトウゾクカモメが出合う人間の大半は探検家たちであるということだ。探検家たちも、他のほとんどの人たちと同じように、本質的には優しい人が多いのだが、野生動物に対しては考えなしの行動を取ってしまうことが珍しくない。人間に近づいた結果、ピッケルで攻撃されたり、石を投げられたりして、死んでしまう、あるいは酷い怪我をすることが多いのだ。トウゾクカモメが近くで地面に降りたり、低い高度で飛んでいたりすると、悪ふざけのつもりで攻撃する人間がいるのである。そのため、トウゾクカモメたちはすぐに人間は自分たちにとって残酷で情け容赦のない敵だと学んでしまうことになる。

アデリーペンギンよりも営巣地に来るのが幾分遅いこともあり、トウゾクカモメたちは一二月のはじめになるまで卵を産まない。トウゾクカモメの巣は、巣と言っても非常に簡素で、単に地面に少しくぼみを作るだけである。その上にトウゾクカモメが座るわけだ。雌のトウゾクカモメが座るべきくぼみを決めるまでには、複数のくぼみが作られることも多い。そのくぼみの中に二つの卵を産む。卵は茶色がかったオリーブ色で、数多くの茶色い斑点がある。トウゾクカモメは卵を四週間抱き、そのあと、ヒナが孵化する。

卵の中から姿を現した途端、トウゾクカモメのヒナは異常なほどの早熟ぶりを見せる。淡いスレートグレーの産毛に覆われたその姿からはとてもそうは見えないが、ヒナは最初から非常に好戦的である。食べている時以外、二羽のヒナはほぼつねに戦っている。巣のあたりで絡み合い、転げ回り、クチバシと爪を武器に戦う。ヒナたちは地面から餌を食べる。石が多く散らばっている地面を、まるでヒヨコのように歩き回って餌をついばむ。姿もヒヨコに非常によく似ている。しばらくすると、決まって二羽いるヒナのうちの一羽の姿が見えなくなる。しかし、いなくなったヒナの死骸が見つかることは決してない。おそらくは近隣にいる自分の親でないトウゾクカモメに食べられたのだ。トウゾクカモメは、うろうろしているヒナを食べてしまうことが多い。キャプテン・スコットの最初の遠征に参加したフェラール氏は、実際に、トウゾクカモメがうろついているヒナを拾い上げて飛び去って行く様子を見ている。近隣にいた何羽もの仲間たちが大声で鳴きながらあとを追った。おそらく獲物を強奪するのが狙いだろう。

トウゾクカモメが何個の卵を産むのかを突き止めるため、私はいくつかの巣に目印をつけた。そして、目印をつけた巣で卵が産まれる度に取り去ってみた。するとどの巣でも、二個目の卵のあとは、もう卵が産まれることはなかった。私は二つの巣で、一個目の卵は産まれてすぐに取り去り、二個目は取り去らずに放置するということもしてみた。親鳥は残った一個の上に座り、それで満足したようで、決して三つ目を産もうとはしなかった。

私たちが巣に近づくと、年長の成鳥たちが大きな円を描くように飛び、私たちのそばを通る度にこちらの頭に向かって少しかがむような姿勢を取る。これは明らかに私たちを脅して追い払おうとしているのだ。翼で私たちの頭を叩くことすらある。こちらがいくら脅しても、まったく怯むことはなく、何度でも私たちに向かって急降下を繰り返すので非常に困惑させられる。そのままだと常に注意していないといつ襲われるかわからないので、どうにかトウゾクカモメと一定以上の距離を保てないかと考えた。そこで私は、トウゾクカモメの巣のそばに行く時には、スキーのストックか、ピッケルを手に持ち、真っ直ぐ上に持ち上げた。こうすると、トウゾクカモメたちは、私の頭ではなく、ストックやピッケル目がけて急降下するようになる。頭に襲いかかってくるよりは随分ましだ。アデア岬に強風が吹き荒れた日に、トウゾクカモメが私の持っていたピッケルの取っ手に衝突したため、ピッケルを手から放してしまったことはあった。その衝突はさすがに少しこたえたようだが、大事にはいたらなかった。

トウゾクカモメの巣は、営巣地の中でもアデリーペンギンが多く集まる区域のそばである、いわゆる「がれ場」にも多く見られるが、その巣の大多数は、アデア岬の頂上付近に作られる。そこからだと、営巣地全体がよく見渡せる。実際、トウゾクカモメたちは、営巣地全体の様子をよく見ている。たとえば、私たちがアザラシの解体を始めると、あっという間に何羽ものトウゾクカモメが降りて来る。私たちが、アザラシの脂身を地面に投げてやると、すぐに夢中で食べ始める。その様子を見ていると、トウゾクカモメがいかに「嫉妬深い」かがわかる。私たちが地面に投げた脂身は、集まってきたトウゾクカモメたちが食べられる量の一〇〇倍くらいはあったと思う。にもかかわらず、トウゾクカモメは互いを追い払おうとしていたのだ。戦う際には、地面に留まることは少なく、どちらも空中へと飛び上がることになる。その様子を撮影した写真を載せておく。両者が翼をいっ

図 71. 戦う際にはどちらも空中へと飛び上がる

ぱいに広げて戦っているのがこの写真でよくわかるはずだ（図71）。

営巣地にペンギンの卵が大量にある時には、トウゾクカモメは地面に近い低空を飛行する。トウゾクカモメがペンギンたちのコロニーの上を通り過ぎる間、ペンギンたちは卵の上にうずくまっている。当然のことながら厳重な警戒をしているわけだ。本書でもすでに書いてきた通り、もしアデリーペンギンの親鳥が卵を守らずに放置すれば、トウゾクカモメは間違いなくそれを盗んで行くだろう。

トウゾクカモメという鳥は、その名の通り、「盗み」を働く習性を持っているのが大きな特徴だ。この鳥には、何でも盗もうとする本能があるのではないか、と思うことも何度かあった。たとえば、私はある日、エバンス岬

図 72. トウゾクカモメとヒナ

でアザラシの解体をしていたのだが、その時うっかり、そばに脱いだコートの上に双眼鏡を置いていた。ふと振り返ると、トウゾクカモメが革ひもをくわえ、双眼鏡を持ち去ろうとしているところだった。とっさに大声を出すと、トウゾクカモメは双眼鏡を落とした。幸い、地面から一メートルもないくらいの高さから落ちただけなので壊れずに済んだ。こんな話もある。南極を航海した船が海氷に閉じ込められて動けなくなったので、乗組員が海氷を爆破して脱出しようとした。その時、海氷の上に置いてあった起爆装置をトウゾクカモメがくわえて飛び上がってしまった。その起爆装置にはダイナマイトが入っていたのだと思う。いずれにしても、私の聞いた話では、乗組員たちは、頭上を飛び回るトウゾクカモメから大急ぎで逃げ出したらしい。

二人の仲間とともに、ロイズ岬のペンギン営巣地で、トウゾクカモメの巣を見に行ったことがある。トウゾクカモメは、すでに書いた通り、この時も私たちの頭上を飛び回っていた。ただし、私たちの頭に襲いかかって来るのではなく、通り過ぎる際に何度も私たちに向かって糞を落としてきた。タイミングは驚くほど正確で、私に一度、同行していたキャンベルには少なくとも三度、命中した。翌年、アデア岬でも、トウゾクカモメは同じようにしてくるのではないかと思っていたが、不思議なことにそれはなかった。同じトウゾクカモメなのに、場所によって行動が違うのは実に不思議なことだ。もしかすると、サー・アーネスト・シャクルトンが最近、ロイズ岬で一年間を過ごした間に、トウゾクカモメたちは糞を落とすという攻撃戦術を発見したのかもしれない。あるいは、ハット・ポイントで二年間を過ごしたディスカバリー遠征が関係している可能性もある。アデア岬は、ロイズ岬とそう遠く離れているわけではないが、その地で人間が越冬したのが一五年ほど前に一度だけだというのが原因かもしれない。とはいえ、これは単なる推測にすぎない。

トウゾクカモメの親鳥は、自分の巣のそばの地面にいる際、何者かが近づいて来ると、頭を後ろに反らせて、翼を広げ、しわがれた声で叫んで相手に自分の存在を知らせる。食べ物の上を飛んでいる時や、警戒したり怒ったりしていない時には、セグロカモメに非常によく似た声を出す。特に、甲高い小さな声で鳴いている時は、さほど耳障りではない。私の耳には、ブロックが擦れるような音に聞こえる。

ペンギンのヒナが孵ると、トウゾクカモメたちは容赦なく餌食にする。守っている親鳥から少しでも離れると、トウゾクカモメはほぼ確実にそのヒナに襲いかかって殺してしまう。まず、クチバシで目をつつき出し、次に背中を強くつついて、腎臓を貪り食うのだ。

営巣地には、アデリーペンギンのヒナの死骸が何百と散らばっている。特に、トウゾクカモメの巣が集まっているあたりには多い。それは、トウゾクカモメがそこまで運んで来るからである。どの死骸にも、背中に二つの穴が空いている。二つの腎臓を取り出した跡だ。

トウゾクカモメの食べ物になるのは、アデリーペンギンの卵やヒナだけではない。南極大陸沿岸には年の始め頃には、その他にも多くの食べ物がもたらされる。それは、アザラシが海氷の上で産む子供たちである。トウゾクカモメは、アザラシが出産するのを上空で見張っていて、出産が終わると、産まれた子供を食べるのだ。ディスカバリー遠征の報告書の第二巻でウィルソン博士は、グラナイト入り江に多数のトウゾクカモメがいたと書いているが、これは疑いなく、アザラシの子供目当てに集まっていたのだと私は考えている。一九一二年の春頃、私はその付近の海氷の脇を通り過ぎた際に、そこで何百頭もの子連れのウェッデルアザラシを見たからだ。私たちは夜に、そこで寝袋に入って寝たのだが、あまりにもアザラシの数が多く、一晩中、子供たちの鳴き声がテントの中の私たちの寝ぼけた耳にも聞こえていた。それは羊の子供の鳴き声にも似ていて、まるで我が故

トウゾクカモメのタイムテーブル

	マクマード入り江		アデア岬
	1902	1903	1911
最初の個体の到着	11月 3日	10月25日	10月26日
最初の卵の確認	12月 9日	12月 2日	11月29日
最初のヒナの孵化		1月 1日	
最後の個体の離脱	3月30日	4月 7日	

郷イギリスの牧場の中で眠っているような気分だった。

トウゾクカモメのクチバシ、眼、脚の色は次のようになっている。

クチバシは黒。

虹彩は暗褐色。

脚、足指、水かきは黒だが、ヒナのうちは、脛骨と中足骨の関節の上あたりにだけ鮮やかな青の斑点がある。成長すると、全体が黒くなる（オオトウゾクカモメの足には大きく立派な水かきがある）。

爪は黒。

頭、首、胸の部分の羽毛の色は個体によって違う。明るい淡黄色のものもいれば、ほとんど白くなっているもの、深い暗褐色のものなど様々だ。

エンペラーペンギン*について

エンペラーペンギンは他のペンギンたちに比べて圧倒的に大きい。体重は三〇キログラムから四〇キログラムにもなる。威厳のある優美な姿をした鳥である。同じペンギンなので、その生態には当然のことながらアデリーペンギンと共通する部分も多くある。しかし、その堂々たる態度はアデリーペンギンとは大きく違っている。雪の上を人間に近づいて来る時の足取りも非常にゆったりとしている。

アデリーペンギンとエンペラーペンギンの生態の最も大きな違いは、産卵、抱卵の時期だ。すでに書いた通り、アデリーペンギンは一年のうちでも最も暖かく明るい季節を選んで子育てをする。しかし、エンペラーペンギンは、その正反対で、最も暗く、最も寒い、大嵐の吹き荒れる季節に子育てをするのだ。その理由はまだわからないが、よく言われるのは、エンペラーペンギンの場合はヒナが十分に成長するまでに長い時間がかかるせいではないか、ということだ。仮にエンペラーペンギンの卵がアデリーペンギンのように一二月（つまり真夏）に孵化したとすると、秋になってもまだヒナは一人前になれず、そのまま死んでしまうだろう。しかし、孵化が春のはじめであれば、温か

* 学名 *Aptenodytes forsteri*

図73. エンペラーペンギン

くなるまでの間は親鳥に守られて育つことができ、夏の期間すべてを使って換羽をすることもできる。

現在の時点で人間の知っているエンペラーペンギンの営巣地は、キャプテン・スコットの最初の南極遠征に参加したロイズ大尉とスケルトン大尉がクロジエ岬の下の海氷上で発見したものだけだ。その場所で、七月の真っ暗な日々にこの奇妙な鳥は氷上に卵を一個だけ産む。

一九一一年の冬、キャプテン・スコットの遠征に参加したウィルソン博士、バウアー大尉、チェリー＝ガラード氏などから成るパーティーが勇敢にもその場所に向かって旅をした。この小さなパーティーは非常に過酷な体験をした。彼らが生還してその体験について語ったのがとても信じられないほどだ。気温はマイナス六〇度ほどにまで下がり、それまでのどの犬ぞり隊も体験したことのないくらいの低温下で激しいブリザードに見舞われた。そんなとてつもない環境下でエンペラーペンギンは産卵をし、卵を孵すのだ。

過酷な環境にいるだけに、誰もが予想できる通り、その時期のエンペラーペンギンの死亡率は非常に高い。断崖絶壁からの氷の雪崩によって多数の親鳥が圧死することもあり、そうなると当然、卵も放置されることになる。ウィルソン博士が言っているが、エンペラーペンギンがいる場所のすぐそばの氷崖は非常に不安定である。まともな神経を持った人間であれば、その下でたとえ一晩でもキャンプを張ることはしないだろう。雪崩の際には、圧死しなかったとしても、大勢のペンギンたちが恐怖に駆られ、卵を置いて逃げてしまう。だが、驚くべきことに、逃げたペンギンたちの多くが再び戻って来て、引き続き卵を温め始めるのだ。放置されていた卵は凍りつき、中の胚は死んでしまっている。にもかかわらず、ペンギンたちは卵が完全に腐ってしまったあとも長く温め続ける。どうやらエンペラーペンギンたちはどうしても何か温めるものが欲しいらしい。卵を失ってしまったペンギンの中には、代わりに氷の欠片を温めようとする者さえいる。アデリーペンギンとは異なり、エンペラーペンギンは、近隣の別のペンギンのヒナを奪い取って育てようとすることもあるようだ。

クロジエ岬の営巣地に人間がはじめて訪れた時、その場にいたエンペラーペンギンはせいぜい一〇〇〇羽だった。二度目に訪れた時には、その数は一〇〇〇羽を大きく下回っていた。春になった時、育てるべきヒナを持つ成鳥は一〇羽か一二羽に一羽くらいだったという。クロジエ岬以外の場所にもまだ発見されていないエンペラーペンギンの営巣地があるのは間違いない。南極の沿岸には多数エンペラーペンギンがいることが確認されているからだ。

私たちの参加したテラノバ遠征でも、船が東へ向けて進んで行く時、巨大な崖のそばに多数のエンペラーペンギンがいるのが確認された。特に、巨大な叢氷によって、それ以上、東へは進めなくなった地点には多くのエンペラーペンギンが集まっていた。将来、さらにその方向に進むことができれば、間違いなく、一つ、あるいはそれ以上のエンペラーペンギンの営巣地が見つかるはずである。

また、一九一二年の春、エバンス岬を目指して北へ向かうそりの旅が終わる頃、私たちは、マク

図 74. エンペラーペンギンの横顔

マード入り江の南端沿いの崖の下に浮かぶ非常に古い海氷の上に多数のエンペラーペンギンが集まっているのを見た。そこでも繁殖する可能性がまったくないわけではない。残念ながら、その時、私たちには寄り道をしている余裕はなかったので、本当のところは確かめられていない。しかし、もし本当にそこで繁殖をするのだとしたら、マクマード入り江が完全に凍りつく冬の間には相当な距離を歩かなければ食べ物を得ることはできないことになる。

エンペラーペンギンのヒナの成長は遅い。アデリーペンギンのヒナがまるでキノコのように急成長し、みるみる大きくなっていくのとは対照的だ。

エンペラーペンギンはだいたい七月のはじめくらいに卵を産む。孵化はそれから七週間から八週間後である。抱卵の仕事は、雄、雌で平等に分け合うようだ。抱卵の際、卵は腹部の下で軽く押さえるようにする。成鳥の、抱卵の時にちょうど卵が当たる部分には羽毛がなく皮膚がむき出しになっている。

卵が孵化すると、そのヒナを、子のいない成鳥すべてが欲しがる。欲しい気持ちが強すぎて、子の所有をめぐって争いが起きることもあり、その争いのせいで、ヒナが里親候補の成鳥たちに負傷させられることや、殺されてしまうことさえある。ウィルソン博士は、換羽までの間のヒナの死亡率は七七%にもなり、その半数が、善意の成鳥によって殺されていると推定している。自分に群がって来る多数の成鳥たちから逃れた結果、突き出した氷崖の下を這って進むことになるヒナもいる。そうなると非常に危険だが、逃げなければ、ヒナを自分のものにしようと集まって来た成鳥たちの下敷きになる恐れがある。成鳥たちは争ううちに、まったく悪気なくヒナを踏み潰したり、爪で傷つけたりして死なせてしまうことが多いのだ。エンペラーペンギンの母性本能は非常に強いようで、すでに死んで凍りつき、羽毛もすっかり擦り切れてしまっているヒナを連れ歩いて世話をするエンペラーペンギンもいる。エンペラーペンギンの営巣地を訪れた科学者は、死んだヒナの標本が欲しくてもなかなか良い標本が手に入らない。死んだヒナは例外なく、その後も長く懸命に世話されて羽毛が擦り切れるからだ。

幸い、アデリーペンギンのヒナとは違い、エンペラーペンギンのヒナがトウゾクカモメに強奪されることはない。トウゾクカモメは夏までやって来ないからだ。その頃には、エンペラーペンギンのヒナは十分に成長している。二度目の換羽を経ないと喉の部分の羽毛が黒くならないのは、アデリーペンギンと同じだ。二度目の換羽が終わると、エンペラーペンギンは堂々たる姿になる。少し湾曲し、先が細くなったクチバシは青みがかった黒だが、下クチバシの後ろ半分はライラックのような美しい色になっている。頭部と喉は黒で、首の両側には、明るいオレンジ色になった部分がある。身体の残りの部分の色はアデリーペンギンとだいたい同じだ。

ヒナの死亡率が非常に高いことから、成鳥の寿命は長いのではと推測される。そうでなければ、種の存続が難しいはずだからだ。ハーバート・クルー博士は、エンペラーペンギンの寿命を三五年と試算している。

これまでに得られている証拠から、エンペラーペンギンのヒナは十分に成長するまでの間、叢氷の上で過ごすようだ。叢氷の上で観察、あるいは採取された個体は、沿岸から北へどれだけ距離が離れても、すべて成鳥になる前のものだったのに対し、夏の間、海岸沿いで観察されたエンペラーペンギンには成鳥になる前の個体はいなかった。

エンペラーペンギンの食べ物はほとんどが魚や甲殻類だ。胃の中には必ず、数多くの小石を入れている。アデリーペンギンと同じく、食べ物を得るためには、当然、到達できる範囲に凍っていない海がなくてはならない。そして、クロジエ岬には、実際に近くに凍らない海がある。潮の流れが速いせいで、かなり広範囲の海水が凍らないのだ。そのため、エンペラーペンギンはいつでも最長で二キロメートルから三キロメートル歩けば食べ物を得ることができる。

エンペラーペンギンの鳴き声はとても大きく、氷の上で遠くまで届く。アデア岬の付近の海氷の上をそりに乗って進んでいると、時々、奇妙な音が聞こえてきた。船の汽笛の倍音を思わせるような音だ。はじめは何の音かわからずに戸惑ったが、今になって思えば、その音の主である可能性が最も高いのはエンペラーペンギンに決まっている。

エンペラーペンギンの卵は白く、洋梨形で、重さは四五〇グラムほどだ。

私自身がエンペラーペンギンに触れた経験は限られているので、本書ではあまり詳しいことは書かない。冬の間にクロジエ岬を訪れた隊の参加者の中で唯一存命なのは、チェリー＝ガラード氏なので、いつかそこで見たことを書いてもらえればと強く願っている。それまでの間は、エンペラーペンギンの形態や生態についてより詳しく知りたいという人は、ウィルソン博士の著作を参照して欲しい。「大英帝国南極遠征一九〇一～一九〇四についての大英博物館報告（British Museum Reports, on the National Antarctic Expedition 1901—1904）」の第二巻に収録されている。

解説1

ジョージ・マレー・レビック博士（一八七六‐一九五六）によるアデリーペンギンの性的行動に関する未発表の記述について

ダグラス・G・D・ラッセル（英国自然史博物館、動物学、鳥類グループ）
ウィリアム・J・L・スレイドン（ジョンズ・ホプキンス大学医学研究所）
デイヴィッド・G・エインリー（H.T.ハーヴェイ&アソシエイツ上級海洋生態学）

（上田一生　訳）

要旨：かつて正式出版されなかった「アデリーペンギンの性的行動」に関するジョージ・マレー・レビック博士（英国海軍：一八七六‐一九五六）の四ページの抜刷（パンフレット）がトリングの英国自然史博物館で先頃、再発見された。このパンフレットは一九一五年に印刷されたが、正式な探検報告書では割愛された。この記述は、一九一〇年の英国南極探検隊（テラ・ノヴァ号）の活動過程で、レビック自身が南極のアデア岬（南緯七一度一八分、東経一七〇度〇九分）にある集団繁殖地での観察結果に基づいてまとめたものであり、交尾行動の反復（頻度）、自慰行為、性的異常行動が、若くつがい相手を持たないペンギンの雄や雌に見られることを記している。さらに、死体愛好症（ネクロフィリア）、性的強制、ヒナに対する性的・肉体的暴行、非生殖的交尾や同性愛的行動なども含まれる。しかしながら、レビックの観察は正確で有意義であり、正式報告から削除されたとはいえ、後に学ぶべきことが多い。ここに、そのパンフレットを全て再録すると共に、アデリーペンギン *Pygiscelis* *adeliae* (Horbron and Jacquinot 1841) に関する生物学的研究の先駆者の報告でありながら「葬り去られた観察結果とその分析」に、再評価の光をあてたい。

はじめに

ジョージ・マレー・レビック博士、英国海軍軍医（一八七六－一九五六）は、アデリーペンギン *Pygoscelis adeliae* (Horbrin and Jacquinot 1841) について、生涯二編の文献を発表している。一九一〇年、軍医士官として参加した英国南極探検（テラ・ノヴァ号）において、彼は、南極のヴィクトリアランドにあるアデリーペンギンの繁殖地四か所でこのペンギンを観察する機会に恵まれた。これら四つの繁殖地は、レビックの時代から一九六〇年代まで「ルッカリーズ（rookeries）」と呼ばれていた。彼が最初に訪れたのは一九一一年一月ロイズ岬（南緯七七度三四分、東経一六六度一一分）、その後一九一一年一二月中旬から一九一二年一月初旬までアデア岬（南緯七一度一八分、東経一七〇度三七分）でさらに研究活動を展開したが、この間、一九一一年一〇月にはヨーク侯島（南緯七一度三七分、東経一七〇度〇二分）を短期間探検している。そして最後に、エヴァンズ湾内のインエクスプレッシブ島（南緯七四度五三分、東経一六五度四五分）を一九一二年二月に調査した。

レビックは、英国海軍のヴィクター・L・A・キャンベル中尉（一八七五－一九五六）率いるいわゆる「北方隊」六名の一員だった。このグループはもともと「東方隊」と呼ばれており、主な任務は科学的調査全般、ならびにマリー・バードランド北西にのびる氷床に覆われた広大な半島、キング・エドワード七世ランドの探検、さらにはシュルツベルガー湾とロス海東端をなすロス棚氷北東端との間に進出し、その地域を調査することだった。

ロアルド・アムンセンによる南極点到達（一九一〇‐一九一二）の報に接すると、キャンベル隊はクジラ湾の海氷によって形成された小湾にキャンプを移す。この時キャンベル隊は、「東方隊」という名称を改め、北岬西岸の科学的調査を主目的とする「北方隊」とした。（Lambert 2004；Hooper 2010）この方針こそ、地磁気の観測と研究を主任務とするキャンベルや、写真撮影と動物学的研究を主任務とするレビック、地質学、細胞学、気象学的研究を主任務とするレイモンド・E・ブリーストリー（一八八六‐一九七四）らによって形成された英国南極探検隊の分遣隊である「北方隊」が、本来目指していた広範な科学的調査活動の最も重要な目的であったことは言うまでもない。これら三人の研究者には有能な三人の「研究助手」、英国海軍下士官のジョージ・P・アボート（一九二六年没）、同じく英国海軍下士官フランス・V・フラウニング、英国海軍水兵ハリー・ディッカソン（一八八五‐一九四三）が活動を共にした。

一九一一年二月一三日、「北方隊」はロス海北西端、ヴィクトリアランドにあるアデア岬のリドレー海岸に到達する。一九一二年一月三日、テラ・ノヴァ号によって救助・撤退するまでの十一ヵ月間、彼らはこの地域で越冬し、さらに夏を過ごしながら研究活動を続けた。一九一一年一〇月四日から一四日の一〇日間、レビックは人力で曳くソリを用いて移動し、その後一二週間もの間、アデア岬の巨大なアデリーペンギンの繁殖地で、写真撮影をしたり詳細な観察記録を残したりしながら調査を実施した。

この繁殖地は、現在では世界最大のアデリーペンギンの集団繁殖地として知られている。この時、一九一一年一一月から一二月にかけて、レビックが残した記録や写真（英国自然史博物館資料 DF211/93）、九体のアデリーペンギンの「仮剥製（皮だけの剥製）」（英国自然史博物館資料 1916.6.20.38-

45,1916.6.20.125）は、この時代のアデア岬での動物学的原資料だと言える。レビックは、この間、アデア岬での動物学的観察結果を二冊の日誌として遺しているが、これらのノートも個人的記録として保管されている。一冊目のノートは「アデア岬における動物学的記録」と題され、リドレー海岸に着いた日（一九一一年二月一三日）から一九一一年一二月九日まで。二冊目は、同じタイトルで、一九一一年一二月一二日から同年一二月三一日となっている。（Levick 1911）これらのノートは二冊とも出版されていないが（これ以後「ノート」と呼ぶ）、縦二六センチメートル×横二一センチメートル、合計一二五ページにわたりびっしりと文章が記されている。その主な内容はアデア岬のアデリーペンギンの観察記録で、最初の個体が姿を見せた一九一一年一〇月一三日から最後の個体がやってきた同年一月三一日のものである。ノートには、動物学的視点からの観察結果が一日一日、濃密かつ詳細に記録されている。多くの観察事項は純粋に科学的見地から記されているが、繁殖地の環境に関するレビック独特の表現もみられる。例えば、一九一一年一〇月二二日、繁殖地の規模についてレビックは次のように記している。

今日、ルッカリーに流れ込んできたペンギンの数を概算するのは難しい。考えもごらんなさい。バンクホリデーの日、三二〇ヘクタールもの広大なハムステッド・ヒース公園に滅多に登院しない上院議員が何人やってきたかとか、ダービーの日のエプソム競馬場に小さな巡礼者達が何人混ざってるかなんてことは、誰にもわかるまい。（Levick 1911）

この表現は、レビックがこれを記した当時、彼が直面した状況を最も適切に形容するものだったに違いない。ロンドンのハムステッド・ヒースで一九世紀末以降開催された様々なイベントは、伝統的なイースターやバンクホリデーの人出を遥かに凌ぐものだった。この時代、バンクホリデーには三万～五万人を上回る人がくり出すのは当たり前だったし、テラ・ノヴァ号が6月15日に南極に向かって出港する数ヵ月前の一九一〇年時点でも、復活祭の月曜日にフェスティバルに参加した群衆は二〇万人を超えていたと思われるからだ。(Elrington 1989) ちなみに、アデア岬のアデリーペンギンの個体数に関する最近の科学的調査によれば、一九八八年には272,338つがい、一九九〇年には169,200つがいだった。(Woehler and Croxall 1997)

この二冊のノートは、帰国後、レビックがまとめた報告書の基礎となった。『南極のペンギン～その社会的生態に関する研究(Levick 1914)』は、一般の読者を対象とした行動学的文献である。内容的にはそのほとんどがアデリーペンギンに関するものだが、オオトウゾクカモメ Megalostris maccormickil = Stercorarius maccormicki Saunders, 1893) とエンペラーペンギン Aptenodytes forster G.R.Gray, 1844 についての記述が巻末に追加されている。この本は人気を博し、アメリカの鳥類学者ウィットマー・ストーンズは、ペンギンに関する擬人化されたイメージがいかに拡散されていったかについて、次のように報告している。

この本はユニークであり、繁殖学、行動学、鳥卵学、写真術などを専門とする鳥類学者はもちろん、この風変わりで直立し人間に似た小さな鳥が、その奇妙な魅力で一般大衆をいかに惹き付けているか立証した。(Stone 1915)

レビックによる第二の出版物は『アデリーペンギンの自然史』（一九一五）と題するもので、前掲書よりも専門的であり、南極探検の公式報告書としてまとめられている。これまでに発表された先人達による公式報告書同様、アデリーペンギンの社会的行動に関する詳細な記述がみられる。レビックによるこれら二点の出版物では、そのどちらにも、繁殖に参加していない個体や若くまだ繁殖能力がない個体、さらには繁殖経験はあるがつがい相手がいない個体（これら全てをレビックは大雑把に「フーリガン雄」と呼んでいる）がしでかす悪癖が繰り返し記されている。

一方、ヒナたちがまだ小さい内は、両親がヒナに給餌し続けることはそれほど難しくない。しかし、両親のどちらか一方がヒナたちを温めていてやらなければならないし、ヒナをオオトウゾクカモメやフーリガン雄から守らなければならないので、ヒナが巣から離れてしまわないようにするためには、海に餌採りに行けるのは両親の片方だけということになる。(Levick 1914:96)

これまで既に二度述べてきたことだが、巣から離れてしまったヒナはフーリガン雄の餌食となってしまう。この現象は、繁殖地ではごく普通にみられる。繁殖期の初めにはまだほとんどみられないが、やがて発生頻度が急速に高まり、無抵抗のヒナたちが迷惑を被り、大きな被害が出る。最初は、つがい相手を得られずぶらぶらしている雄達が加害者となり、やがてそういった雄達の数は急激に増大するが、それは、つがい相手の雌が餌採りに出かけたまま命を落とし、戻って来なかったからだと思われる。

多くの繁殖地、特に波打ち際に近いところでは、氷脚近くにたむろしているフーリガンの小グループによって、ヒナたちが追い出されたり、その後命を落としたりといったことが起きる。このフーリガンによって行われた犯罪について、本書では詳しく述べる余裕はない。しかし、もし自然が、これらの被造物、この人間に似た鳥たちの堕落と退化とをなんらかの意図に基づいて行っているのだとすれば、それは書き記すに値することである。(Levick 1914:97-98)

時が経つにしたがって、また、つがい相手がいる雄の割合がいない雄に比べてどんどん小さくなっていくにしたがって、雄たちは互いに対立を深め、いくつもの小さな群れに分かれ、雌を獲得するため常に大声を上げたり闘ったりするようになる。(Levick 1915:60)

レビックは、この件についてそれ以上詳述することはなかったし、また、鳥類学的論考として公表することもなかった。彼は、この件を、鳥類学や探検にかかわる一般的話題として記すという姿勢を生涯貫いた。この方針は、後年、彼がチャールズ・ダーウィンの孫であり私立学校探検協会の創立者兼会長でもあったリチャード・ダーウィン・ケインズによって主導された、自然史博物館鳥類部門による「ラップランド及びニューファンドランド探検準備のための鳥類剥製標本演習」に関わった際(一九三〇年代)にも堅持された。

その後、アデリーペンギンの繁殖生態に関する生物学的研究には、二〇世紀後半まで、例えばスレイドン(1958)やテイラー(1962)による研究が現れるまで、ほとんど進展がみられなかった。しかし、

『アデリーペンギンの性的行動』と題するレビックによる未発表の抜刷論文（パンフレット）が、英国自然史博物館鳥類部門によって最近再発見され、リプリントされたのである。このパンフレットの初版の日付は一九一五年二月であり、既存の『アデリーペンギンの自然史』（一九一五）最終版から削除されたものだった。おそらく、その内容が、当時としては極めて刺激的かつ生々し過ぎると判断されたのであろう。その記述内容は極めて興味深く、レビック流の表現で描写されており、彼の他の著作の中では全く記されていないアデリーペンギンの行動が詳述されていた。

当時、自然史博物館の動物学主任だったシドニー・フレデリック・ハーマー（一八六二‐一九五〇）は、やはり同博物館の鳥類部門学芸員だったウィリアム・ロバート・オギルヴィーグラント（一八六三‐一九二四）に宛てて、一九一五年二月六日、次のように書き送っている。

「性的行動、この部分は削除して部内閲覧用に何部か印刷しておくべきだと思う。何部必要かね？」（NHMUK DF 200/6217）

そのメモは関係者に回覧され、直ちに回答があった。「一〇〇部」。その結果、四ページの抜刷（タイプされた二三センチメートル×三一センチメートルサイズの四ページからなるパンフレット）が一〇〇部作られた。その全ての表紙トップには「公式印刷不可」と記されていた。その後、印刷された一〇〇部の原本のほとんどは失われ、あるいは廃棄され、現在、二部だけが残った。これ以外の九八部の原本の一部は、将来発見される可能性がある。例えば、ライオネル・ウォルター・ロスチャイルド（一八六八‐一九三七）が個人的に複製した『英国南極探検（テラ・ノヴァ号）、一九一〇、自然史報告書‐動物学、第一巻、鳥類学文献、自然史博物館編』の八四〜八五ページには「性的行動」の部分が収録されている。

確認し得る限り、これ以外のアデリーペンギンに関するいかなる論文にも、レビックがこのパンフレットに記したような内容は見当たらない。唯一、現存するパンフレットの原本は、英国自然史博物館の鳥類学図書館に保管されている。（MSS.KEVICK）原本の内容は、この論考の「付録」としてその全文を再録した。

そのパンフレットには、一九一一年、アデア岬のアデリーペンギンの性的行動に関する観察結果が詳述されている。交尾行動が頻繁にみられること、自慰行為、さらに特筆すべき点として若い雌雄の個体による以下のような「性的行動」が記録されている。屍姦（ネクロフィリア）、性的強制、ヒナに対する性的・肉体的虐待、非生殖的な性行為、また同性愛的性行為など。この内容から考えて、ハーマーは、この記述が広く流布することへの影響を心配するただ一人の人物ではなかったと思われることは明らかだ。レビック本人も、同様の懸念を抱いていたと思われる。というのも、これらの観察結果をノートに記すにあたって、用語解説や引用部分をギリシア文字を用いて暗号化しているからだ。（付図一）さらに、いくつかの段落は全てギリシア文字で記されている。このように暗号化された記述は、一九一一年一〇月一七日、一〇月二五日、一一月五日及び一二月五日にみられる。それらは全て例の「性的行動」に関するパンフレットに集中して現れるが、例えば一九一一年一一月一〇日のノートには次のような記録がある。

ις αφτ ερνοον ι σαυ α μοστ εχτραορδιαρι σιτε. α πενγυιν υας ακτυαλλι ενγαγ εδ ιν σοδομι υπον θε βοδυ οφ α δεαδ υιατε θροατεδ βιρδ οφ ιτς ους σπεσιες. ε ακτ occυρεδ α φυλλ μινυτε, θε ποσιτιον τακεν υπ βυ θε κοχ διφφερινγ ιν νο ρεσπεκτ φρομ θατ οφ ορδιναρι κοπυλατιον, ανδ θε υολε ακτ υας γ ονε θρου, δουν το θε φιναλ δεπρεσσιον οφ θε χλοακα

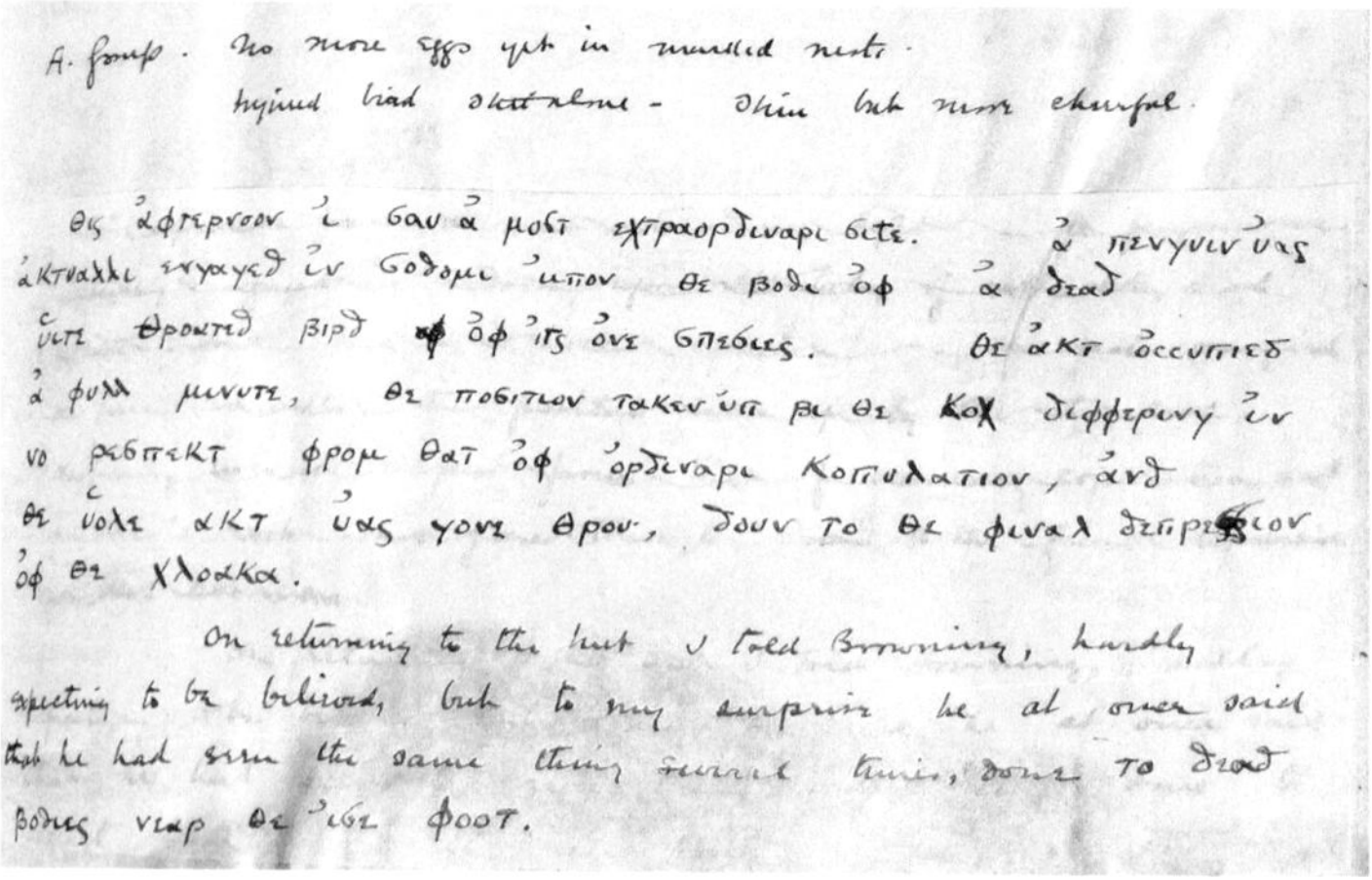
On returning to the hut I told Browning, hardly expecting to be believed, but to my surprise he at once said that he had seen the same thing several times,

付図１　G・M・レビックが記した「アデア岬における動物学的記録」と題する一冊目のノートの加筆部分。1911 年 11 月 10 月の記述にはギリシア文字を用いた暗号が見られる。

（今日午後、私は最も異様な光景を見た。一羽のペンギンが、同じなかまの喉の部分が白い亜成鳥の上にのって、交尾しようとしていたのだ。その行為は一分間ほど続いたが、交尾しようとした雄は正常な性的行動に則ることなく、最後に総排泄肛を押しつけると行為をやめた）。

とはいえ、ノートに記されたあらゆる行動が暗号化されているわけではない。例えば、一九一一年一二月一七日には、普通に英語を用いて「つがいによる交尾行動は、巣の中の二つの卵が両方とも孵化した後も頻繁に行われた」と記している。ギリシア文字を用いて暗号化する手法には一貫性がみられず、その理由も不明だ。例えば、前掲の一一月一〇日の観察結果は暗号化したにも拘わらず、その二六日後、すなわち一二月六日、同じように衝撃的な場面に遭遇したことを記した時には、いつものような英文で次のように記している。

今日、私は、別種の異常な性行動を目撃した。一羽のひどく傷ついた雌が、腹這いになって繁殖地を苦し気に進んでいた。私が、この雌を安楽死させるか否か迷っていると、一羽の雄がこの雌の接近に気づいて近づいてきた。雌の体を一瞬確認した雄は、躊躇することなく雌と強制的に交尾（強姦）したのだ。雌には雄に抗う力は全くなかった。」

この観察は、実際にそれを目撃した正確な日付がわからず、しかも感情的な「強姦」（状況を暗示するには十分だが）という表現が用いられていたにも拘わらず、ほぼそのままの形で「性的行動」のパンフレットに収録されている（「アデリーペンギンの性的行動」）。ノートに記された文面から推測すると、この出来事でレビックが受けた衝撃はかなり大きかったはずで、それは彼がこんなふうに書き出していることでも想像できる。「ペンギンたちにとってこのような行動は犯罪とは程遠いと思われているのだろう」。

アデア岬のアデリーペンギンの性的行動に関するレビックの観察は、それ以上深められることはなかった。彼は、それら一連の行動を「堕落したもの」と考えていたものの、それ以上探求したりその原因について解説したりはしていない。彼のこのような選択は、その時代背景を考慮すれば、容易に理解できるし、その後、その事実を主要な科学的刊行物に収録することを避けた決断は、「異常な性的行動」に関する知識や論考を求めない当時の風潮に合致していた。とはいえ、レビックが記録したアデリーペンギンの性的行動や公式報告書から削除した内容そのものは、大変興味深い。おそらく、他の報告者たちが関心を示さず見過ごしていた事実を、レビックは、訓練された軍医としての職業上の技術や観察眼を用いて、また、南極探検隊員としての法的立場と使命感に基づいて記録していったのだろう。

現代の動物学者は、レビックの時代に比べて、ここに記してきたアデリーペンギンの性的行動について、より自由に発表したり論じたりできる。例えば、野生動物の同性間の性的行動については、幅広い報告がある。（Bagemihl 1999, Bailey and Zuk 2009, Poiani 2010）

レビックがパンフレット（付録）にまとめた「アデリーペンギンの性的行動」は、現代の動物行動学の手法で全て説明可能である。レビックは、暗号化された一一月一〇日の記述内容をノートから「性的行動」に関するパンフレットに加えているにも拘わらず、彼が後に生きたアデリーペンギンが同種の死体に性的行動をとった事実については分析的姿勢ではなく、強い嫌悪感を示したことは注目に値する。彼がパンフレットに記した内容には、ペンギンの行動を「堕落したもの」だとする傾向がみられ、どんな行動学的手法をもってしても説明できないほどの不道徳で邪悪なものだという思いが込められている。人間における「屍姦（ネクロフィリア）」とペンギンの行動とを単純に比較することができないことは明らかだが、その両者は死体に対する性的行動という点では「異常な性的行動」という共通点が認められるだろう。ペンギン以外の動物についてみると、例えば、ジュウサンセンジリス Citellus trideemlineatus = Ietidomys tridecemlipneatus（Mitchill, 1821）の野生個体については類似の行動が観察されており、ディッカーマン（一九六〇）は、その行動を「ダビアン行動複合体」と呼び、雌の死体の姿勢が雄の交尾行動を誘発するのではないかと推測している。この場合、その年の繁殖期におけるその雄個体の交尾行動が少ないことが前提条件となるという。

鳥類における類似の事例は、これまでに、ツバメ Hirundo r. rustica, 1758（Libois 1984）、マガモ

Ana's p. platyrbynchos Linnacus, 1758（Lehnen 1988; Webston 1988; Moeliker 2001)、ショウドウツバメ Rioaria r. riparian Linnaeus, 1758（Dale 2001)、シロエリスズメヒバリ Eremopteriy verticals Smith 1836、そして、コユビシトドコヒバ Calandorella starki = Eremalauda starki Shelly 1902（Ryan 2008）が知られている。

レビックによって「堕落した行動」と解釈されたこれらの性的行動の多くは、エインリーによって行われたクロジェ岬におけるアデリーペンギンの非繁殖個体に関する一九六八～一九七六年の研究（Ainley 1974a, 1974b, 1978）によって、科学的推定が可能だと思われる。レビックによって記録された行動に類似した行動を実際に観察して確認した後、エインリーは、つがい相手を求めている雄の行動を実験的に検証するための仕掛けを工夫した。すなわち、繁殖期に巣についたまま凍死した雌の死体をもとにして作った模型を、実際の巣に置いてみたのである。性的に成熟した雌が巣についた時に見せる姿勢、つまり羽毛をねかせ両目を半眼にして巣に腹ばいになった状態が再現された。エインリーの報告（1978）によれば、繁殖能力のある雄、交尾の機会を求めている雄、つがい相手がいないより年長の雄ほど「雌の模型」にのろうとした。あるいは、模型と交尾しようとしたり、巣から模型を追い出そうとした。より若くまだ繁殖に加わっていない雄たちは、模型の雌にディスプレイをするものの直接模型の上にのろうとするものは比較的少なかった。一方、繁殖期間中のその時点においては、繁殖能力がある年長の雄たちでヒナや傷ついた雌に対して何かしようとするものはいなかった。その後、雌の模型を使った実験期間中、模型に対する雄たちの交尾行動が絶え間なく続けられたため、模型の傷みが激しくなっていった。そこで、大きな石を胴体替わりとし、白い「O型」のアイリングが目立つ凍ったペンギンの頭部を針金で支えて作った即席模型を使ってみたところ、そんなものでも雄たちは、石の上にのって交尾し射精することがわかった。エインリーは、こうして採取した精液サンプルを分析し、個々の雄の精子数や精子の生残率と雄個体の年齢との関係を調べ、雄の生理学的成長＝性成熟に関する評価を試みた。その結果、アデリーペンギンの雄は、四歳以上にならないと繁殖能力が得られないことがわかった。

レビックはアデリーペンギンの生物学的研究のパイオニアであり、また彼の手になる出版物を通じて、その観察が正確かつ有効であることが確認できる。レビックが報告したアデリーペンギンの性的行動について、我々は再解釈を試みたが、彼の後に続く研究者は皆、彼の記録に感謝すべきだと言わざるを得ない。というのも、依然としてレビックは、アデリーペンギンの最大の集団繁殖地であるアデア岬の状況を詳しく報告した唯一の人物だからである。もし、彼がさらに長期間その地で研究を続け、気象条件に恵まれて、ペンギンたちに標識をつけて年齢を正確に把握することができたならば、自らの観察結果についての分析をさらに深めることができたかも知れない。それにも拘わらず、ほぼ一世紀後、レビックが観察した事実は、彼がそれを報告書の形で遺したことによって、現代の科学者集団にそのまま引き継がれていくことは明らかである。

謝辞　英国自然史博物館のロバート・プリスジョーンズ博士は、この論文の初期の草稿に目を通していただき、またエヴァ・ヴァルサミジョーンズ博士には、ギリシア文字の解読をお手伝いいただいたことに深く感謝申し上げる。また、初期の草稿に有益な助言をいただいたマット・ローヴとピーター・ケアリーにもお礼申し上げる。さらに、リチャード・コッソーにはG. M. レビックが著した『アデア岬における動物学的記録』（Vol. I・II）の閲覧について、さらにその原本となるノートからの引用についてお力添えいただいた。本研究はアメリカ国立科学財団からの助成金を得て実施された。

（ANT-0944411）

参考文献

Ainley, D.G. 1974a. Development of reproductive maturity in Adélie penguins. In: Stonehouse, B. (editor). The biology of penguins. London: Macmillan: 139–157.

Ainley, D.G. 1974b. Displays of Adélie penguins: a renterpretation. In: Stonehouse, B (editor). The biology ofpenguins. London: Macmillan: 503–534.

Ainley, D.G. 1978. Activity patterns and social behavior of nonbreeding Adélie penguins. Condor 80:138–146.

Bagemihl, B. 1999. Biological exuberance. New York: St.Martin' s Press.

Bailey, N.W., and M. Zuk. 2009. Same-sex sexual behavior and evolution. Trends in Ecology and Evolution 24(8): 439.

Dale, S. 2001. Necrophilic behaviour, corpses as nuclei of resting flock formation and road kills of sand martins Riparia riparia. Ardea 89(3): 545–547.

Dickerman, R. 1960. ' Davian behavior complex' in ground squirrels. Journal of Mammology 41(3): 403–404.

Elrington, C.R. (editor). 1989, Hampstead: Hampstead Heath. In: A History of the County of Middlesex: Vol. 9. Hampstead:Paddington. London, Institute of Historical Research: Oxford University Press: 75–81.

Hooper, M. 2010. The longest winter: Scott' s other heroes. London: John Murray.

Lambert, K. 2004. The longest winter: the incredible survival of Captain Scott' s lost party. Washington: Smithsonian

Books.

Lehner, P.N. 1988. Avian davian behavior. The Wilson Bulletin (Wilson Ornithological Society) 100(2): 293–294.

Levick, G.M. 1911. Zoological notes from Cape Adare. Unpublished handwritten manuscript 2 vols. (Private Collection).

Levick, G.M. 1914. Antarctic penguins – a study of their social habits. London: William Heinemann.

Levick, G.M. 1915. Natural history of the Adélie penguin. In: British Antarctic (' Terra Nova') Expedition, 1910. Natural history report – zoology. London: British Museum, Natural History: 55–84.

Levick, G.M. 1936. Letter to N.B. Kinnear, 24 December 1936. London: Public Schools Exploring Society Manuscript Collection. Tring: Natural History Museum.

Libois, R.M. 1984. Observation d' une hirondelle (Hirundo rustica) necrophile. Aves 21(1): 57.

Moeliker, C.W. 2001. The first case homosexual necrophilia in the mallard. Anas platyrynchos. Deinsea 8: 243–247.

Poiani, A. 2010. Animal homosexuality: a biosocial perspective. Cambridge: Cambridge University Press.

Ryan, P. 2008. Dead sexy: road mortality and necrophilia in Namib larks. Africa Birds and Birding 13(2):15.

Sladen, W.J.L. 1958. The Pygoscelid penguins. I–Methods of study. II–The Adelie penguin. London: HMSO (Falkland IslandsDependencies Survey scientific reports 17. plates I–XII): 97.

Stone, W. 1915. Levick' s Antarctic penguins. Auk 32: 372–373. Taylor, R.H. 1962. The Adélie penguin, Pygoscelis adeliae, at Cape Royds. Ibis 104:176–204. Weston, M. 1988. Unusual behaviour in Mallards. Vogeljaar 36(6): 259.

Woehler, E. J. and J.P. Croxall. 1997. The status and trends of Antarctic and sub-Antarctic seabirds. Marine Ornithology 25: 43–66

付録

公式出版不可

大英博物館（自然史）

「アデリーペンギンの性的行動*」

英国海軍軍医　マレー・レビック　著

繁殖地に到着すると、ペンギンたちは、これまで述べたような手順でつがいを形成する。つがいは、産卵前だけでなく、産卵後もしばらくの間、一日に一回以上、頻繁に交尾する。雌が産み落とした二つの卵を抱いている時でも、さらに孵化したヒナがかなり大きくなってからも、雄が交尾する様子が普通に見られた。

アデア岬のように巨大な繁殖地であっても、つがいを組まないペンギンはほとんどいない。もし、このひしめき合う群れの中で一旦相手を見失ったり、何時間も探し回ったあげくついに再会できずに終わってしまったりするようなつがいがいそうなものだが、そんなことは意に介していないかのようだ。

ペンギンたちは、毎年おとずれる繁殖期の光景と騒音とに包まれながら、性的行動の高まりに身を投

＊本報告は、一九一〇年に実施された英国南極探検（テラ・ノヴァ号による）の途上、アデア岬において観察された結果をレビック博士がまとめたものである。一九一五年二月に印刷されたが、公式報告書には掲載されなかった。

じていくのだろう。特に雄たちは、その情熱を抑えきれないようだ。そんな状態の雄たちが、雌を求めてうろうろ歩き回ったあげく、ある所で立ち止まり、地面を相手に交尾行動を始めて、実際に射精するところをよく目撃した。

しかし、こういった行動は、まだそれほど自堕落なものだとは言えない。南極各地のペンギン繁殖地には、これまでに息絶えた、成鳥から孵化直後のヒナなど、何百羽もの死体が散乱している。

南極の低温環境のおかげで、それらの死体は長期間腐敗しない。ほとんどの場合、数年間は皮膚が破れることなく保たれるだけでなく、一年前の死体の多くには羽毛も残されている。

一一月一〇日、すなわち繁殖期開始後一ヵ月経った頃、私は、前年に死んだと思われる喉の羽毛が白い亜成鳥の死体に乗って交尾しようとしている雄を見た。行為は一分以上続いたが、この雄がみせた行動は、通常の交尾行動と全く同じだった。一連の仕草を終えると、雄はクロアカ（総排泄肛）を押し当てて射精した。

小屋に戻ってから、私は、観察したことを仲間の隊員に伝えた。驚いたことに、その隊員も、氷脚沿いの場所で、死体と交尾しているペンギンを何度も見たと即答したのだ。後になってわかったのだが、このような光景は異常なものでもなんでもなかった。

というのも、繁殖期は着々と進行しており、つがい相手を失った雄が急激に増えていたからだ。一つには、すでに述べてきたような様々な理由、つまり、多くの巣が破壊されて卵を失ったり、オオトウゾクカモメに卵を奪われたりしたためである。そして、海中で待ち構えているヒョウアザラシに雌を食われてしまったりして、つがい相手がいなくなった雄が多数いるのだ。このような雌を失った雄たちは、数羽から十数羽の「フーリガン」となり、繁殖地がある丘の周辺にたむろして、自堕落な行為にふけることになる。

すでに指摘したが、海から戻ったペンギンが、致死率の高い重い麻痺性痙攣に襲われることがある。ある日、私は、一羽の雌が、フリッパーを広げ腹這いになって、両足で地面を蹴りながらのろのろと辛そうに繁殖地を這いずっているところに遭遇した。

私が、この雌を安楽死させるか否か迷っていると、雄がやってくることに気づいた一羽の雄が、繁殖地の辺縁部から駆け上がってきた。ほんの少し雌の様子をうかがった後、その雄は雌に交尾を迫ったのだ。雌には、もちろん、雄に抗う力は残っていない。雄は、他の雄に駆け寄る隙を与えず、しかも躊躇することなく、雌の背中に乗った。最初は失敗した。すると、素早く隣の巣から小石を二つ盗み、一個ずつ雌の眼前に置くと、今度は背中に乗り交尾をやり遂げた。その雄が立ち去ると、あわれな雌は、二〇メートルほど弱々しく這って行ったが、すぐに他の雄に背中に乗られた。二羽目の雄が交尾を終えるまでの間に、第三、第四の雄が出現して、次々に前の雄を追い払って同じ行為に及んだのだ。

その後、その雌は、前よりも少し回復した様子だったが、相変わらずゆっくりと十メートルほど這って進んだ。その間にも、少なくとも三羽の雄たちに追い回され、それらの全てが彼女の背中に一度に乗ろうとした。しかし、今度は、短時間の小競合いの末、三羽は散り散りに去って行った。

雌は、しばらくじっと横たわっていて、明らかに体を休める必要があると思われた。しかし、自分の帰り道をしっかり憶えている様子で、一直線に巣があると思われる方向に這って行った。私は、彼女が自分の巣に戻ることさえできればきっと回復するだろうと判断して、その場を離れた。

私は、その後キャンベル隊長と共に現場にもどり、これらの一部始終を詳しく報告した。

後日、私は同じ場所に出かけ、例の雌を再び見つけた。彼女はずっと回復していて、立ち上がることができ、足を引きずってはいたが自分の足で歩いていた。その背中には、言葉にするのも気の毒なほど、先日の恥ずべき行為の痕跡が残っていたが、この時の彼女は安らかな様子だった。

ヒナがまだ小さいうちは、両親はヒナを巣の中でおとなしくさせておくのに大変苦労する。それができなければ、ヒナたちはどこかにさ迷い出て、死んでしまう。巣を離れたヒナたちが、「フーリガン」と化した雄たちの手にかかって命を落とすことも珍しくない。こうして失われていくヒナはかなり多い。私たちは、度々、ヒナがフーリガン化した雄たちの性的なはけ口にされる場面を目撃した。その行為の最中に、ヒナたちは雄たちに踏み潰されてしまうのだ。

例えば、巣の中で母親に抱かれていた一羽のヒナが、ほんの一時巣の外に出た瞬間に、両親の眼前でフーリガンの雄に捕まってしまったことがある。その直後、巣にいたもう一羽のヒナが同じように巣の外に出ると、雄に捕まっていた方のヒナは逃げ出して、母親の元に戻ろうとした。ところが、母親はというと、巣に戻ろうとするヒナをクチバシでつつくだけで動こうとしない。しかも、周囲の巣にいた親鳥たちも、母親と同じように、巣に戻ろうとするヒナをつつき始めたのである。つつき回されて瀕死の状態になったヒナの苦痛を長びかせるに忍びなかった私は、そのヒナを安楽死させざるを得なかった。

フーリガン化した雄たちは、巣から出てくるヒナたちを、いつも見張っているように思える。そして、いくつかの繁殖地では、オオトウゾクカモメに奪い去られるヒナよりも、雄たちの犠牲となるヒナの数の方が常に上回るような状態になっている。

繁殖期の終わり頃になると、すでに述べたように、つがいのどちらかがいなくなってしまったり、繁殖を終えたつがいが増えたりするため、多くの巣が荒廃していく。繁殖地南端の地域、すなわち、氷脚に近く巣場所から離れたところは玄武岩地帯となっている。従って、この地域には巣材となる小石を求めて、多くのペンギンたちが常に群れ集まるようになる。

そこには、つがい相手がいない多くの雌たちが集まって来るだけでなく、交尾を求める雄たちも集まってくる。ただし、これらの雄たちは、もはや、繁殖のためにつがい相手を見つけようというわけではなく、まして巣づくりをしようというわけでもない。

そこでは、こんな光景が展開されていた。ある雄のペンギンと雌のペンギンが交尾している。だが、交尾が終わって二羽が離れてからよく見たら、雌だと思っていたペンギンは実は雄だったことがわかった。しかも、その後、二羽は立場を逆にして、元は「雌」だったはずのペンギンが今度は元は「雄」だったペンギンの上に乗った。その後は、当然のように、先ほどと同様の行為の繰り返しである。

解説2　アデリーペンギンの性的行動はなぜ隠されたのか？
一世紀以上続く研究者たちの葛藤

上田一生

本書にはアデリーペンギンに関する三編の文献が収録されている。

A、『南極のアデリーペンギン：世界で最初のペンギン観察日誌』（一九一四年）（6頁〜182頁）
B、『アデリーペンギンの性的行動』（一九一五年）（199頁〜203頁）
C、『ジョージ・マレー・レビック博士（一八七六〜一九五六）によるアデリーペンギンの性的行動に関する未発表の記述について』（二〇一二年）（183頁〜198頁）

A・Bは、ともにジョージ・マレー・レビックによって一九一〇年代に書かれたもの、Cは三人の研究者によって二〇一二年に発表されたレビックに関する論文である。現代のペンギン生物学は、この百年間に成立・発展を遂げたが、Cの論文によって「ペンギン生物学史」上の新たな議論が湧き起こっている。また、野生動物の生態を科学的に理解することの意味や動物の擬人化について、積極的に意見表明する有力なペンギン研究者が現れた。

本書は、アデリーペンギンの基本的繁殖生態を紹介するとともに、「ペンギンと人間との関係史」について新たな視点、論点を提案しようという試みである。

まず、本書には二人の「主役」が登場することを意識していただきたい。一人はジョージ・マレー・レビック。ほぼ百年前のペンギン研究者であり、最近「現代ペンギン生物学のパイオニア」として注目されている人物である。もう一人の「主役」はアデリーペンギン。現生一八種のペンギン中、最もよく研究されている。世界中で、数多くのロゴマークやアニメーションなどに採用され、ペンギンといえばこの種を思い浮かべる方も多いに違いない。つまり、この本は、百年前、世界最初のペンギン研究者がどのようなアデリーペンギン像を描いたかというドキュメントである。

一方、スポットライトを浴びるこの二人の「主役」の背後には、影のように寄り添う重要な二人の「黒子」たちがいる。一人目の「黒子」は、現代のペンギン生物学を支える著名なアデリーペンギン研究者たちだ。ウィリアム・J・L・スレイデン（一九二〇～二〇一七）、デイヴィッド・G・エインリー、そしてロイド・S・デイヴィスである。彼らは、ロンドン自然史博物館の鳥類シニアキュレーターであるダグラス・D・G・ラッセルとともに、「暗号化され」、「切り取られ」たレビックの未公開記録を発見し、一世紀もの間封じ込まれてきた「レビックの肉声」を、世に知らしめた。

もう一人の「黒子」は、人間社会である。レビックの記録の一部が暗号化され秘匿された動機や背景を考察していくと、人間個人やその時代的・社会的価値観、倫理観などとの見えざる相克が浮き彫りになってくる。すなわち、百年前、レビックに発表を躊躇させた社会通念という名の重く見えない鎖が、今もなお、科学者たちを縛り、暗黙の重圧となっていることが確認できるのだ。換言すれば、本書には、アデリーペンギンという野生動物における「擬人化の事例研究」といった側面があるのだ。

ジョージ・マレー・レビックについて

著者レビックについて、詳しく知る日本人はほとんどいないだろう。探検史に関心があり、特に、二〇世紀初頭、列強諸国間で展開された両極地方への探検航海の記録に精通された方であれば、一度は眼にする名前ではある。ノルウェーのロアルト・アムンセン（一八七二～一九二八）とイギリスのロバート・ファルコン・スコット（一八六八～一九一二）がしのぎを削ったいわゆる「南極点レース」におけるる「スコット隊」の一員だったと紹介する方が、わかりやすいかもしれない。[1] この探検は「テラ・ノヴァ号による一九一〇年の英国南極探検」と呼ばれている。

ただし、世界史的に著名なのは、この「南極点一番乗りを目指すレース」の勝者がアムンセン隊であり、スコット自身はもちろん、他にも複数の隊員が命を落とすことになった「悲劇」の方であろう。あるいは、やはりスコット隊の一員であり、真冬の南極にエンペラーペンギンの卵を採取するため、首席科学隊員であるエドワード・エイドリアン・ウィルソン（一八七二～一九一二）らとともに「冬季旅行」を敢行した動物学者アプスレイ・チェリー・ガラード（一八八六～一九五九）の方がよく知られているかもしれない。[2]

「南極点一番乗り」を至上目的として編成されたアムンセン隊に対して、スコット隊の主目的が、南極域の科学的調査にあったということは、多くの識者が指摘している。実は、二〇世紀初頭、ペンギンに関しては、アデリーペンギンよりも、ウィルソンやガラードが関心を示したエンペラーペンギン研究、特に、その鳥卵学的研究に専門家の注目が集まっていた。当時、鳥類の専門家の間では、エンペラーペンギンが最も原始的な鳥だという仮説が有力視されていた。したがって、その有精卵の中にある胚児を研究すれば、爬虫類とそれから進化した鳥類との間の「失われた連鎖」の証拠が得られると考えられていたのだ。[3] 結局、この仮説は否定されるが、地球上で最も寒い南極の真冬を中心に繁殖する唯一の大型脊椎動物＝エンペラーペンギンへの関心は、その後も高まっていく。

一方、アデリーペンギンについては、一九世紀後半以降、欧米列強の探検隊がまとめた公式報告や探検隊員による各種の個人的出版物を通じて、その姿や生態の一部が断片的に紹介されていった。[4] 当時普及しつつあった写真術や大量印刷技術の発達に支えられながら、アデリーペンギンは「南の果ての氷の大陸の小さな紳士」として、世界中の出版物に登場し、もてはやされることになった。しかし、その内容は、あくまでも添え物的、脇役的域を出ることはなく、まして長期にわたってアデリーペンギンの生態を詳細に観察・記録した科学的報告は皆無だった。というのも、一九世紀後半〜二〇世紀初頭の南極探検隊にとって、アデリーペンギンはアザラシやクジラと同じく、現地調達できる貴重な食糧であり、燃料（油や皮を燃やす）でもあったからだ。例えば、一九〇一年から一九〇二年にかけて南極で調査を実施したスウェーデン隊は、アデリーペンギン四〇〇羽、その卵六〇〇〇個、アザラシ三〇頭を蓄えて越冬した。[5]

また、レビック自身も、その日記（青い表紙の観察ノート）の中で、何回もペンギン狩りやアザラシ猟について言及している。[6] そのような「資源としてのアデリーペンギンの利用」に手を染めながらも、レビックは、当時注目されていたエンペラーペンギンではなく、眼前のアデリーペンギンの観察と記録に邁進していった。現代の代表的なアデリーペンギン研究者の一人、オタゴ大学（ニュージーランド）

のデイヴィスは、レビックが何冊も残した「観察ノート（フィールドノート）」の冒頭に記した次のような言葉に注目する。

「ノートの冒頭には、次のようなルールが記されている。

1、絶対の確証がないことを事実であるかのように書かない。確証がない場合には、こうだと言い切ることはせず、「そう思った」、「そのように見える」というように確証がないことがわかるように書く。また同時に、自分がどの程度、自信を持っているのか、またどの程度、自信がないのかも明確にする。

2、動物を観察する際には、できるだけ動物の邪魔にならないように注意する。特にペンギンがこの地に来た際には注意しなくてはならない。ペンギンが我々に影響されることなく、なるべく自然に居を定められるようにすることが重要だ。秋に我々が狩ったことで、オオフルマカモメが凶暴化したことがあったが、そのようなことが起きないようにする。

3、些細な出来事も実は重要な意味を持つことがあるので漏らさずに記録する。ただ、その場合も慎重に、正確に記述するよう心がける。

注意－鳥たちも我々と同じく生き物なので、痛みも我々と同じように感じるはずである。たとえば傷ついたトウゾクカモメがゆっくりと自然に死んでいくことは仕方ないが、人間がわざわざ半時間も追い回して殺すようなことはすべきではないだろう。

このルールは、彼が残した他のどの文章よりもレビックという人物の人となりを物語っていると思う。科学者になるための教育を受けたわけではないが、彼は科学者としての精神を持ち、科学の方法論をよく理解していた」[7]

ただし、レビックとアデリーペンギンとの出会いは、南極点到達を目指すスコット隊ではなく、その別動隊であるキャンベル隊に彼が所属していたという運命にも起因している。英国海軍少佐ヴィクター・キャンベル（一八七五〜一九五六）は、スコット隊とは別にエドワード七世ランド上陸のため、テラ・ノヴァ号でロス海を東方に向かった。しかし、クジラ湾でアムンセン隊が既に上陸していることを知ると、マクマード湾に引き返し、その西岸のアデア岬に上陸、そこで冬を越すことになった。このアデア岬こそ、世界最大のアデリーペンギンの集団繁殖地（コロニー）だったのだ。レビックは、はからずも、巨大なアデリーペンギンのコロニーで、数十万羽ものペンギンたちの営みを、間近で観察することになった。

なお、レビックの南極探検隊員になるまでの前半生（三〇歳台半ば）とそれ以後の後半生（八〇歳で没）の詳細については、後述するデイヴィスの力作でご確認いただきたい。[8]

アデリーペンギンについて

アデリーペンギンは、現生六属一八種の中でも、エンペラーペンギンとならんで最もよく知られたペンギンだろう。多くのアーティストがこの種をモチーフとして独特な「ペンギンキャラクター」を生み出し、アニメーション作品を創り、企業イメージを高める効果的な象徴として利用してきた。[9] 南極というモノクロームの清冽な大陸を代表するとともに、燕尾服に身を固め白いアイリングで囲まれた両目を見開いて、愉快に人間を出迎えてくれる生き物。コミカルで元気一杯のホビットといったところだろうか？

レビックによる百年以上前の観察と分析は、多くの専門家が認める通り、確かに現代ペンギン生物学の嚆矢と呼んで然るべきものだ。しかし、その全てが正確だというわけではない。その後、多くの研究者の手によって詳細な調査が継続され、次々に新しい機材や研究手法が導入されるなどした結果、アデリーペンギン研究は長足の進歩を遂げた。ここでは、その結果明らかになっている「アデリーペンギンの基本的繁殖生態」について、簡単にまとめておきたい。レビックの記述を読み解くヒントとして参照していただきたい。なお、この部分の基本的内容は、『ペンギン大全』（青土社、２０２２年、pp44～65）に拠っている。

一年間の基本的生活史は六つの時期に分けられる。

①、回遊期：五月～八月。この時期は南極の冬にあたる。アデリーペンギンは浮氷帯の北端近くの海上を広く移動し、ずっと海上で過ごす。

②、繁殖地への帰還・つがい形成期：九月～一〇月。南極大陸の露岩地帯（雪や氷に完全に覆われていない海岸の岩場）にある集団繁殖地（コロニー）に戻り、つがい相手を見つけて交尾する。

③、産卵・抱卵期：一〇月～一一月。雌は一度に二つの卵を三日間隔で産み、二つ目の産卵後、雌雄交替で抱卵する。雌雄のどちらが先に抱卵するのかはコロニーによって異なる。また、孵化までの日数は三一～四三日間と幅があり、コロニーやその年の状況によって異なる。二つの卵は平均一・四日

間隔で孵化するが、サブコロニー（大きなコロニーを構成している小さな繁殖集団）単位で、孵化するタイミングはほぼ同時である。

④、抱雛・育雛期：一一月～一月。孵化後、ヒナはどちらかの親鳥によって常に抱かれて護られる。両親の抱雛交替は一～四日間隔で二二日間ほど続く。その後、両親は二羽とも採餌のため海に出るので、ヒナはクレイシュ（ヒナだけの集団）を形成する。ヒナは、一日に一回以上親から給餌され、クレイシュ形成期には体重が二〇〇～三〇〇グラムとなる。また、ヒナが成長すると親を追いかけて餌をねだるようになり、これを「呼び出し給餌」という。この頃、ヒナの体重は三九四〇グラムほどとなり、成鳥の体重の七四％ほどになる。

⑤、巣立ち期：一月～二月。コロニーやその年によって異なるが、孵化後四一～六四日ほどでヒナは巣立つ。ペンギンの場合、ヒナが初めて海に入ることを「巣立ち」とする。巣立ち成功率は六三・三～八三・三％である。

⑥、換羽期：二月～四月。ヒナの巣立ちが終わると親鳥たちは海上の浮氷の上かコロニーの近くで換羽する。繁殖に失敗した親鳥の方が成功した親鳥より早く換羽に入る。陸上や氷上で換羽を行う期間は成鳥で一五～二三日間、亜成鳥で一五～二一日間。換羽前に比べ体重は約四五％減少する。換羽を終えると、成鳥、亜成鳥とも回遊期に入る。

繁殖開始年齢の中間値は、雌が四・七～五・〇歳、雄が六・二～六・八歳。雌雄関係なく調査した全ての個体の内、四歳で繁殖を開始したものは全体の一六％、五歳が二八％、六歳が二八％、七歳が一八％だった。亜成鳥は、繁殖に加われる前からコロニーに戻ってくる。少なくとも四歳までの間に、雌の八一%、雄の七二%が、少なくとも一回はコロニーに戻る。一般に雌の方が早く死ぬ確率が高く、性比は年齢とともに雄の方が多くなる。雄：雌の性比は、二歳時点では一・〇：一・〇、一四歳時点では一・〇：〇・四となる。つがいの絆の強さは、コロニーや年齢によって異なる。およそ八〇%のつがいが二年連続で同じつがい相手との関係を維持している。平均すると、四年間にわたって一羽の成鳥につきおよそ二・〇羽のつがい相手がいる。すなわち、四年間のどこかで複数の相手と交尾するのが一般的らしい。なお、アデリーペンギンの野生個体は、一五〜二〇年以上生存すると考えられている。

研究者たちについて

現在、世界には一万種ほどの鳥がいると考えられている[10]。その中でも三百数十種いる「海鳥」は、比較的寿命が長く繁殖地が限られているため、長期間にわたって継続研究されている種が多い。ペンギンについていえば、一九六〇年代以降、各種の研究成果が急増し始め、研究者間の交流や協力関係が進展した。一九七〇年代後半〜八〇年代にかけて、この傾向はますます顕在化し、テレメトリーやバイオロギングといった新しい研究手法[11]が積極的に導入され、地球環境や保全活動に対する関心の高まりと相俟って、ペンギン研究は地球規模の環境変化や気候変動を知る有力なデータを取得できる手段として注目され、評価されるようになった。

一九八八年、オタゴ大学（ニュージーランド）で開催された第一回国際ペンギン会議は、既存の学会の枠組みを越えた新しい「ペンギン研究者の国際的コミュニティー」として、意欲的、生産的活動の中核となっていった。[12] 中でもアデリーペンギン研究は、これまでに発表された論文・文献数、長期的研究（長期個体数変動など）の継続などの点で、最も注目度が高い分野（テーマ）の一つである。

例えば、南アフリカのペンギン研究者ジョン・クーパーらによってまとめられた『ペンギン文献目録』（一九八五年）[13] には、英・仏・独の三ヵ国語で、一八二〇年代から一九八〇年代までに発表された一九四二点のペンギン文献がリストアップされている。この内、南極の固有種アデリーペンギンとエンペラーペンギンについてのものが、二三・六％を占める。また、デイヴィッド・G・エインリー、ロバート・E・ルレッシュ、ウィリアム・J・L・スレイデンによってまとめられた『アデリーペンギンの繁殖生物学』（一九八二年）[14] は、アデリーペンギン研究の基本的文献として高く評価されているが、そこには一九一四年から一九八一年にかけて発表された一五二点の専門的文献が紹介されている。もちろん、その最古の文献＝一九一四年のものはレビックのものだ。

アデリーペンギン研究がペンギン生物学の主役となったのには、いくつかの背景がある。まず、第二次世界大戦後、「第一回国際地球観測年（一九五七年七月一日～一九五八年一二月三一日）」以降、南極研究科学委員会（ＳＣＡＲ）の結成（一九五八年）、南極条約締結（一九五九年）などを通じて、南極に対する関心が世界的に高まり、南極に観測基地が次々に設営されて、継続的研究活動が開始された。ペンギン研究は生物学的研究上の主要なテーマの一つとして発展し、ＳＣＡＲを中心に多くの成果が発表されたのである。

また、南極海捕鯨が再開されるとともに、捕鯨母船によって多くのペンギンが「お土産」として各々の国の母港に運ばれ、動物園や水族館の人気者となっていった。第一次世界大戦前に形成され始め、定型化されたペンギンイメージ、すなわち「南極といえばペンギン、ペンギンといえばアデリーペンギン」といった認識が「常識」化していく。実は、このようなペンギンイメージは、一九八〇年代まで、専門の研究者の「常識」にも影響を与えていた。ウェールズ系アメリカ人のスレイデン（一九二〇～二〇一七）は、アデリーペンギン研究の重鎮として知られていたが、一九八二年出版の専門書の中で「アデリーペンギンがおそらく最も個体数が多いペンギンだ」と記している。[15] その後、一九九〇年代にはマカロニペンギンが最多であることが確認され現在に至るが、一九八〇年代まで、アデリーペンギンが最多種だという暗黙の了解のようなものが、最先端のペンギン研究者に共有されていたように思う。実際に、筆者自身も、当時は何の根拠もなくそうだと思い込んでいた。ことほど左様に、アデリーペンギンの「呪縛」は強力だったのだ。[16]

さて、スレイデンは惜しまれつつ二〇一七年に他界したが、彼の盟友だったアメリカ人研究者エインリーは、その後もアデリーペンギン研究を続け、その分野の第一人者となった。彼は、一九六八年、ジョンズ・ホプキンス大学在学中に南極での研究活動を開始し、アデリーペンギンの繁殖地として知られるクロジール岬で、なんと二一回も調査を重ねてきた。すでに五五年間もアデリーペンギンを追い続けているレジェンド的存在である。したがって、スレイデンとエインリーの二人が、この解説の冒頭に掲げた「レビックに関する論文」の共著者として名を連ねているのは至極当然のことで、その論文に絶大なお墨付きを与えているともいえる。つまり、二人のアデリーペンギン研究のスペシャリストが、レビックの業績を高く評価しているのだ。

もう一人、「レビックに関する論文」に衝撃を受け、七年間もの歳月を費やしてレビックの足跡を追い、その詳細を一編の「科学史ドキュメント」[17]として発表したペンギン研究者がいる。現代のペンギン生物学界を代表する著名な研究者の一人、ニュージーランドのロイド・スペンサー・デイヴィスである。デイヴィスは、一九七〇年代、南極ロス海域のコロニーでアデリーペンギンの研究を開始した。主に繁殖生態を調査していたが、やがてアデリーペンギンの性的行動に注目するようになる。一九八〇年代まで、アデリーペンギンは一雌一雄制（一夫一妻制）で、つがいは一生涯連れ添うと考えられていた。しかし、デイヴィスは、その「常識」の誤りに気づく。アデリーペンギンの「離婚率」は意外に高く、それどころか「つがい外交尾」や「同性つがい」も珍しくないということがわかってきたのである。彼は、その調査結果を論文[18]として発表するとともに、二〇〇一年にはペンギンに関する一般書籍の中で、特に「SEX（性生活）」という章を設け、二八ページにわたって持論を展開した。[19]この画期的ペンギン本は、ニュージーランドで文学賞を獲得し、現在もデイヴィスの主著として広く英語圏諸国で読まれている。筆者はデイヴィスからその日本語版の訳出を依頼され、彼の教え子の一人である沼田美穂子氏とともに青土社のご協力を得て出版した。詳細は『ペンギンもつらいよ：ペンギン神話解体新書』（二〇二二年、青土社）にてご確認いただきたい。

つまり、アデリーペンギンの赤裸々な性生活を初めて具体的に観察・研究し公表したのは自分なのだというかなり強烈なプライドが、デイヴィスにはあったのだ。ところが、スレイデン、エインリーらによる「レビックに関する論文」によって、デイヴィスが一九九〇〜二〇〇一年にかけて発表したアデリーペンギンの性的行動に関する事実が、実は百年も前、既にレビックによってまとめられていたということが明らかになったわけである。その時のデイヴィスは言葉にできないほどの知的衝撃を受けたに違いない。彼は、その後、七年間にも及ぶ歴史調査の遍歴に出た。その地球的規模の一大行脚の顛末については、『南極探検とペンギン』（前掲書、青土社、二〇二一年）をご覧いただきたい。

ところで、レビックのペンギン研究における先駆的業績については、既に何人もの研究者が注目し、一定の評価を与えてきた。例えば、一九七〇年代以降、ペンギン研究者のリーダー的存在であったイギリスのバーナード・ストーンハウス（一九二六〜二〇一四）は、一九八八年の第一回国際ペンギン会議の基調講演の中で、レビックの文献をペンギン生物学の初期的成果として紹介した。また、スレイデンとエインリーも、アデリーペンギンに関する前掲書の中で、同じようにレビックの実績に言及している。

しかし、ストーンハウス、スレイデン、エインリーの三人が「ペンギン生物学の先駆者」として最も高く評価しているのは、ニュージーランドのランスロット・リッチデイル（一九〇〇〜一九八三）である。リッチデイルは、一九三〇年代からニュージーランドの固有種であるキガシラペンギンの調査を始め、二〇年間以上、個体数の変化や繁殖生態を詳細に記録し発表していった。ストーンハウスらが注目し高い評価を与えたのは、リッチデイルの調査の連続性と調査手法の緻密さゆえであった。彼のフィールドノートは、その後オタゴ博物館で発見され、一九八〇年代以降のキガシラペンギンの急激な個体数減少を立証する有力な基礎データとして、一躍、世界的注目を集めた。ニュージーランド市民の有志が保全活動を開始し、やがて政府もこのペンギンの保全のため、本格的な法整備に着手したのである。

しかし、デイヴィスは、ニュージーランド出身でしかもオタゴ大学教授でもあったにも拘わらず、地元のリッチデイルよりもレビックの実績を重視し、一九一〇年代という早い時期にレビックがすでに活動していたという事実も勘案して、彼こそが「最初のペンギン研究者」だと主張している。「現代ペンギン生物学の先駆者」については、他にも有力な候補者がいるので、この論争にはまだ決着がついていない。[20]

本書は、その有力候補者の一人であるレビックの業績についてまとめた最も詳しい資料集だともいえる。

動物に仮託される価値観について

ところで、レビックは、なぜアデリーペンギンの性的行動に関する記述を南極探検の公式報告書や著書から削除することに合意したのだろうか？　さらに、そもそもアデア岬でアデリーペンギンの行動を観察した時点で、なぜフィールドノートの一部をギリシア文字で暗号化したのだろうか？

フィールドノートの暗号化について、現在遺されている実物の「青い表紙のノート」を実際に手にとって確認し、その一部を写真撮影したディヴィスは、次のように述べている。

「多くの証拠から、レビックはまだ南極にいる間、それもアデア岬にいる間にノートを修正したと考えられる。まず、上に貼った紙に書かれた文字も、ノートの他の部分の文字も、同じインクで書かれていること、また、あとから修正した部分も他の部分と同じ万年筆を使っていると思われること。…（中略）…自分の記述の正確さに不安を抱いていたとは考えにくい。他の部分は全て英語で書いているからだ。やはりその内容の過激さが不安になったのだと考えられる。また、彼自身がその種のことに過敏だった可能性もある。やはり彼もヴィクトリア朝時代の人らしい価値観を持ち、あまり下品なことは書くべきではないと思ったのかもしれない。[21]」

とはいえ、レビックはペンギンの性的行動の全てを暗号化しているわけではない。デイヴィスはその事実を次のように指摘している。

「興味深いのは、この事件…自分が目にしたアデリーペンギンの行動の中でも間違いなく最も堕落したものとレビック自身が断じた事件だ…について彼が全く隠すことなく記している点である。ギリシア文字の暗号なども使うことなく普通に英語で書いている。書き始めの段階でギリシア文字で隠そうとした形跡があるのに、途中でやめている。なぜ気が変わったのか[22]」。

「この事件」とは、一九一一年一二月六日の出来事である。この日、レビックはアデリーペンギンの「強姦、集団強姦、あるいは輪姦」を目撃し、「このペンギンたちは、たとえどのような犯罪でも平気な連中のようだ」と記し、そのような事件を起こした雄たちを「フーリガン」と称した。レビックがこの事件を暗号化しなかった理由として、デイヴィスは次のように推定している。「ペンギンの強姦を目撃した時、彼はわざわざキャンベルを呼び寄せて二人でその現場を見ているからだ。そのことを彼はノートに記している[23]」。キャンベルは、レビックが所属する「東隊」の隊長でありレビックの直上の上官でもあった。「最も堕落したペンギンの行為」であっても、上官とその事実と秘密とを共有すれば、敢えて暗号化する必要を感じなかった…という可能性も否定できない。だとすれば、レビックは「典型的な英国海軍士官＝厳格な規律に従う組織人」として振る舞ったということになるのだろうか？

一方、公式報告書や個人的著書からアデリーペンギンの性的行動に関する記述を削除することをレビックが受け入れた背景には、「ヴィクトリア朝期のイギリス人としての常識」以外に、次のような事情があったのだとデイヴィスは考えている。

「戦争はレビックの人生に大きな暗い影を落としたのだなと思った。ペンギンの研究を続行するどころではない大きな変化が起きたのだ。自分が社会に貢献するためになすべきと思うことも、戦争の前には変わった。ペンギンの性行動に関して得た研究成果も取るに足らないこととしか思えず、それをわざわざ論文にして発表するのは、大戦で自分の命を、手脚を、愛する人を失った人たちに対して失礼ではないかと考えた。誰もそんなことのために戦ったわけではなかったのだ。ペンギンの屍姦、小児性愛、強姦の事例を知っていても、あえて発表しなかったのは当然のことなのだろう。彼は医学の道に邁進することにした。その方がペンギンの研究よりも彼にとって価値があると思えたからだ。ペンギンの「堕落した」性行動について論文を書けば、自分もやはり堕落したことになると思ったのだろう[24]」。

ここでいう「戦争」とは、もちろん第一次世界大戦（一九一四〜一九一八年）のことである。一九一三年二月一〇日、テラ・ノヴァ号で南極からニュージーランドに帰還したレビックはイギリスに帰国、一九一四年三月、本書に収録した著書を出版する。三七歳だった。第一次世界大戦が始まったのはその四ヵ月後、同年七月二八日である。大戦はその後四年半ほど続き、一九一八年一一月一一日に終わる。デイヴィスの指摘通り、この間のレビックに休息は全くなく、英国海軍の軍医士官として、北海、ガリポリ（現在のゲリボル半島：トルコ領）など各地を転戦した。

「一九一〇年のテラ・ノヴァ号による南極探検」は、どのような「時代の風」に吹かれていたのだろうか？　その一員としてアデリーペンギンの研究報告を遺したレビックやそれらの記録作成に関わった専門家たちは、どのような視点でこの動物の生態をとらえようとしたのだろうか？　デイヴィスが強調するように「ヴィクトリア朝時代（一八三七〜一九〇一年）」すなわち大英帝国が「陽の没することなき世界帝国」として最も繁栄していた時代を少し過ぎ、他の列強諸国との地球規模での勢力拡張抗争に疲れを感じ始めていた二〇世紀初頭のことである。科学的、文化的、道徳的に世界を牽引しているという大英帝国の自負心は、おそらく最高潮に達していただろう。その公式報告書に「ふしだらで下品な記述」があってはならないと考えたのは、むしろ自然ななりゆきかもしれない。

特に、一九世紀後半以降、「両極探検」は、帝国主義政策を推進する列強諸国にとって、各々の国力、科学技術力、教育水準を競う格好の舞台だった。「北極のシロクマと南極のペンギン」は、「極点レース」、「両極探検」のシンボルとして「世界の常識」となっていった。中でも南極のアデリーペンギンは、実際には飢えた探検家たちの胃袋を満たす新鮮な食糧として、あるいは凍りついた身体を温めるための燃料として大量に捕殺されていたにも拘わらず、公式報告書や個人的探検記の中では「燕尾服で盛装した雪と氷の世界の小さな紳士」として擬人化されることが一般的だった。[25]陸上での直立二足歩行、一対のつがいによる子育て、様々なディスプレイ（しぐさ）の様子が、文字だけでなく写真や当時最先端技術の一つだった動画映像（活動写真）で華々しく伝えられたことも、ペンギンの定型的イメージを強化するのに効果的だったと考えられる。

ちなみに、「一九一〇年のテラ・ノヴァ号による南極探検隊」には、公式写真技師としてハーバート・ジョージ・ポインティング（一八七〇〜一九三五）が参加し、数多くの優れた映像記録を残している。ポインティング自身の手になる一般書 The Great White South : OR WITH SCCOT IN THE

ANTARCTICは一九二二年に出版され、一七四点もの写真が収録されている。その内約一九%にあたる三三点の写真はアデリーペンギンの生態に関するもので、ポインティングのペンギンへの関心の高さがうかがえる。しかし、写真撮影について教えを乞うためポインティングに接近したレビックに対してはかなり冷淡で、有意義なアドバイスを与えなかったようだ。[26] それにも拘わらず、レビックは、南極での厳しい撮影環境をみごとに克服して、本書に収録したようなすばらしい写真記録を遺している。

話題を「動物に仮託された価値観」に戻そう。

人間は周囲の生きものに自らを投影したがる。特にそれが動物であり、人間に似た形態やしぐさをしたりする生きものである場合、擬人化の度合いはぐっと深まる。ペンギンは、もちろん鳥類であって哺乳類ではない。しかし、直立二足歩行や飛翔能力がないという点で、人々の感情移入を導きやすいのかもしれない。

一九世紀以降の歴史の中で、特に南極のアデリーペンギンは「白い大陸の住人」として擬人化が深められていった。そのコミカルな動きやつがいによる繁殖生態が、映像情報を伴って頻繁に紹介されるようになると、肯定的イメージ、好ましい生きものとしてのオーラを纏うようになった。

百年以上前、世界最大のアデリーペンギンの集団繁殖地でこのペンギンを初めて本格的に研究する機会を得たレビックと南極探検関係者たちも、そのような「時代の空気」を共にしていたに違いない。彼らはペンギンに人間をみていたのだ。科学的、客観的であろうと自分に言い聞かせながらも、二〇世紀初頭の価値観、世界観は常に彼らの観察眼を歪めくもらせたのだろう。それを責めることはできない。

レビックが百年以上前に目撃したペンギンたちの性的行動は、その後南極を訪れたスレイデン、エインリーなど多くの研究者も、多かれ少なかれ観察したに違いない。しかし、その実態を科学的論文や一般書として世に問うデイヴィスのような研究者が出現するまで、なんと百年以上の歳月が必要だったのだ。見ているが見えていないこと。記録しているが黙殺していること。考えているが理解していないこと。それを「時代の空気」、「人間の性（さが）」というのはたやすい。だが、その歪みや偏りにどこかで気づき、より多くの眼と頭とで見直し考え直していく営みをやめてはいけない。レビックの遺した暗号には、まだ私たちが気づかない事実が隠されているのかもしれない。

註

1 『ペンギンは歴史にもクチバシをはさむ』上田一生、岩波書店、2006、pp 198-199
2 『世界最悪の旅　悲運のスコット南極探検隊』アプスレイ・チェリー・ガラード、加納一郎訳、朝日文庫、1993
3 『ペンギンは歴史にもクチバシをはさむ』前掲書、pp 196-197
4 例えば、Antarctic : Zwei Jahre in Schnee und Eis am Südpol I-II, Otto Nordenskjord, Berlin 1904
5 『ペンギンは歴史にもクチバシをはさむ』前掲書、pp 195
6 A GUN for a FOUNTAIN PEN : ANTARCTIC JOURNAL NOVEMBER 1910 - JANUARY 1912, George Murray Levick, KERRY STOKES COLLCTION, 2012
7 『南極探検とペンギン：忘れられた英雄とペンギンたちの知られざる生態』ロイド・スペンサー・デイヴィス、夏目大訳、青土社、2021、pp 228-229
8 『南極探検とペンギン』前掲書
9 『ペンギンコレクション』上田一生、平凡社、1998
10 『海鳥と地球と人間：漁業・プラスチック・洋上風発・野ネコ問題と生態系』綿貫豊、築地書館、2022
11 テレメトリーとは動物に電波発振器を取りつけその移動を追跡調査していく調査手法のこと。バイオロギングとはデータロガーと呼ばれる小型の各種記録・計測機器やカメラ、ビデオカメラなどを動物に装着し、その動物の各種データを記録・収集する研究手法のこと。

12 『ペンギン大全』パブロ・ガルシア・ボルボログ、P・ディー・ボースマ、上田一生他訳、青土社、2022、pp 335-342

13 Penguins of the World : A Bibliography, Comp., A.J.Williams, J.Cooper , I.P.Newton, C.M.Phillips, B.P.Watkins, British Antarctic Survey, Natural Environment Research Council, 1985

14 BREEDING BIOLOGY OF THE ADELIE PENGUIN, David G. Ainley, Robert E. LeResche, And William J.L. Sladen, University of California Press, 1983

15 BREEDING BIOLOGY OF THE ADELIE PENGUIN, 前掲書, pp 3

16 一八種のペンギン各々の総個体数を初めて正確に概算した文献は The Penguins, Tony D. Williams, Oxford University Press, 1995 が知られている。それによれば、マカロニペンギンが最も多く一一八四万つがい、二番目がヒゲペンギンで七四九万つがい、アデリーペンギンは三番目で二六一万つがいだった。

17 『南極探検とペンギン』前掲書

18 Mate choice in penguins, in Penguin Biology, Ed. L.S. Davis and J.T. Darby, 377-97 , San Diego, CA : Academic Press, 1990

19 The Plight of the Penguin, Lloyd Spencer Davis, Longacre Press , 2001 邦訳『ペンギンもつらいよ：ペンギン神話解体新書』ロイド・スペンサー・デイヴィス、上田一生、沼田美穂子訳、青土社、2022

20 『ペンギンの生物学：ペンギンの今と未来を深読み』生物の科学 遺伝・編、NTS、2020、pp 3-8

21 『南極探検とペンギン』前掲書、pp 280

22 『南極探検とペンギン』前掲書、pp 283

23 『南極探検とペンギン』前掲書、pp 284

24 『南極探検とペンギン』前掲書、pp 404-405

25 『ペンギンは歴史にもクチバシをはさむ』前掲書、pp 194-202

26 『南極探検とペンギン』前掲書 pp 438-439

ANTARCTIC PENGUINS
A study of their social habits
by Dr. G. Murray Levick, R. N.

Dr. George Murray Levick (1876–1956)
unpublished notes on the sexual habits of the Adélie penguin
by Douglas G.D. Russell, William J.L. Sladen, David G. Ainley
Received January 2012; First published online 22 May 2012

南極のアデリーペンギン
世界で最初のペンギン観察日誌

著者　ジョージ・マレー・レビック
訳者　夏目 大
解説　上田一生

2023年6月25日　第一刷印刷
2023年7月10日　第一刷発行

発行者　清水一人
発行所　青土社

〒101-0051　東京都千代田区神田神保町1-29　市瀬ビル
［電話］03-3291-9831（編集）　03-3294-7829（営業）
［振替］00190-7-192955

印刷・製本　シナノ印刷
装丁　大倉真一郎

ISBN978-4-7917-7564-4　Printed in Japan